复旦五浦汇丛书

新编大语文写作

初一卷

黄玉峰　主编

上海科学技术文献出版社
Shanghai Scientific and Technological Literature Press

图书在版编目（CIP）数据

新编大语文写作．初一卷 / 黄玉峰主编．—上海：上海科学技术文献出版社，2020

（从陪伴到放手：复旦五浦汇丛书 / 黄玉峰主编）

ISBN 978-7-5439-8154-6

Ⅰ．①新… Ⅱ．①黄… Ⅲ．①作文课—初中—教学参考资料 Ⅳ．① G634.343

中国版本图书馆 CIP 数据核字 (2020) 第 123454 号

策划编辑：张 树
责任编辑：詹顺婉
封面设计：留白文化

新编大语文写作．初一卷
XINBIAN DAYUWEN XIEZUO. CHUYI JUAN
黄玉峰 主编
出版发行：上海科学技术文献出版社
地　　址：上海市长乐路 746 号
邮政编码：200040
经　　销：全国新华书店
印　　刷：常熟市人民印刷有限公司
开　　本：787×1092 1/16
印　　张：10.5
字　　数：223 000
版　　次：2020 年 8 月第 1 版 2020 年 8 月第 1 次印刷
书　　号：ISBN 978-7-5439-8154-6
定　　价：38.00 元
http://www.sstlp.com

本书编写团队

主　编　黄玉峰

副主编　张德胜　黄荣华

编　委　（以姓氏笔画为序）

冯　涛　刘桂林　匡建浩　郑桂华

赵志伟　顾雪华

再版说明

二十年前，钱理群、王尚文两位先生领衔编辑的《新语文读本》，在全国产生深远的影响，受到出乎意料的欢迎。到今天，还在一版一版地印刷。当时，编辑突发奇想，希望能编一套《新语文写作》作为姐妹篇。初中版由我负责，我便组织了当时沪上顶尖的语文教师，夙兴夜寐，历时两年，终于完成！

记得在统稿时，我与张德胜、黄荣华两人把自己关在浏河的一间小屋里，那里曾经是上海考试院的命题基地。我们从早上六点在床上讨论，到晚上十一二点还在灯下执笔，一篇一篇地改写、修订。花去了大半个暑假，倾注了我们的很多心血。直到今天，当时的情景还历历在目。那时我们三人正值壮年，精力极旺盛，如今再要这样拼命，已经不可能了！

作文教学，是个难题。五年前，我从一个高中语文教师转型为初中校长，有时仍执鞭上课，很想为初中再编一套这样的教材，但诸事缠身，力不从心。偶尔翻阅当年的这套书稿，觉得无论是在写作的理念还是激发引导学生写作兴趣的方面，甚至在具体指导学生如何写作等方面，都还有价值。而且，直至今日，似乎还没有同样的教材问世。

上海科学技术文献出版社张总编见了这套书稿，大为赞赏，希望将其重新出版得以流布，并建议纳入复旦五浦汇实验学校的“从陪伴到放手”丛书系列中。经几位主要撰写者同意，这套书又得以与读者见面。我们重新审读全书，并做了必要的修改，以适应今天教学的需要。虽然写作教学的原则没变，但毕竟是多年前的作品，时代已经飞速地前进了，我们衷心希望这套书能对当今的作文教学有所启发。

黄玉峰

2020 年 6 月 20 日于复旦五浦汇慕苏堂

原序

编这套作文教材的理念简单地说就是两个词：对话、发现。

先说“对话”。这是作文最本质的功能。作文是用语言文字向他人、向社会传达自己的情感和观点。课堂作文是师生交流，文学创作是作者与读者交流，日记则是自我交流。学生的写作是在教师指导下的生命互动，这就是与自然对话，与他人对话，与自己对话，与大师对话。在这个过程中，学生将不断丰富和发展自我，使朦胧模糊、杂乱无序、粗糙原发的思想情感与心理感受，变得更为明晰、完整、系统、有序，更符合逻辑，更为精美。这样的写作学习和训练，本质上是对人的训练。读书是为做人，写作同样是为做人。

再说“发现”。现在的作文课之所以激不起学生的写作兴趣，就是因为它常常是强迫学生写他不愿写或感受不深不切的东西。学生只好无中生有地去写些大话、空话、假话、套话，长此以往学生怎可能对写作有兴趣呢。作文是一种精神体验、一种生命活动，应该让学生在写作过程中去发现。让他们去发现自然、发现自我、发现社会、发现大师，在发现中实现生命的开发与提升。

有发现，有感悟，才会有文章。发现的过程正是生命充实和成长的过程。写作所表现的基本问题就是真善美，就是对人类、生命、自然、生活、科学、文化的热爱，而非虚情假意地代他人言，代伟人言。可以这么说，没有高尚的情操，没有独立的发现与思考，就很难有个性化的好作文。

基于这两个基本观念，我们安排了整套书的内容和框架。

第一，整套书是以学生精神成长、心理发展、日常生活为经，而以写作理论、写作技巧为纬，编织一个个单元，设计一道道作文题的。

第二，我们的关怀不是在出作文题之后，而是在出作文题之前和之时。我们尽可能创设与学生生活、心理最密切相关的情景，精心选择最佳角度和时机，激发学生的写作欲望，变“要我写”为“我要写”。

第三，整套书不但提倡自我认识、自我修改，更强调互动。我们设置了交流平台，让学生无论在哪个环节都可以尽情地“倾诉”“对话”。

第四，对初中生，我们没有片面强调创新而否认模仿和积累，因此在每一单元每一课中，我们都提供优秀的范文以及有关的说明，让学生自己去学习、感悟。

第五，读和写是不能分开的，离开了读，学生的思想将成为无源之水。我们在整套书中都贯穿了读写的结合。老师、家长和孩子可以根据我们提到的书籍、文章扩展开去，从大量阅读中汲取写作的思想内容和灵感。

第六，与读书一样，让学生养成良好写作习惯是我们追求的一个目标。如果因这套书，我们的学生能养成终生写作的习惯，那么我们的目的也就达到了。所以，我们在整套书中设置了很多关于如何逐渐养成写作的良好习惯的篇章，比如记日记、写书信等。这一点，也请使用本书的老师、家长和同学特别注意。

我们期待着教育界的同行以及关心中学语文教学的朋友们批评指正。

黄玉峰

目　录

引子　捡起身边的小石子

当你接到入学通知书时，你的心情如何？是兴奋，是喜悦，还是沉重？因为你知道自己又长大了。但无论如何，我要祝贺你，祝贺你成为一名英姿勃发的中学生。

中学生意味着什么？它意味着，你的世界更大了、更新了。初中三年，从十二三岁到十五六岁，是人生成长最快的几年。从外形到内心，你都将发生翻天覆地的变化。这是一段五彩缤纷的岁月，三年中将发生很多很多你从未经历的事，产生很多很多你从未有过的感觉。过了这个时期，你也许再也不会有这种经历，更不会有那种感觉了。你可千万要把它珍藏起来。

有个故事，说一群信徒久久地等待神给他们带来幸福的启示。神来了，他要人们拾起身边的鹅卵石向前走，背得越多越好。听了神的话，他们有的泄气，有的埋怨，有的敷衍，也有的忠实执行了。当他们到达目的地时，石子全成了耀眼的金子。

三年中，你们能拾起多少“鹅卵石”啊！那些不起眼的小石子，最终将成为闪闪发光的金子。你舍得丢弃吗？请你做个有心人，拾起生活中的小石子，记下那点点滴滴经历，记下你的高兴和苦闷，记下你的真实感情和真实思想。三年后，你就会成为一个精神的富翁。

三年后，你可以将这些编成一本集子，这是你自己的文集。千万别小看它，它未必不如大作家的文集，因为它全是真实的声音。

现在你可以为自己的文集起一个名字了。比如《麻袋集》《卵石集》《真声集》，或者叫《犊语》《丑小鸭》《草样年华》……悉听尊便。这多有意思！你的名字是爸妈起的，你没有自主权；现在你给自己的文集起名字，完全可自作主张，还可以给自己的文集设计封面。虽然稚嫩，却是你自己的。每个年龄有每个年龄的特点，你不必为自己的封面没有正式出版的图书华丽而害羞。

你还可以为自己的文集写一篇序言，写下现在的心情，写下三年的打算，也可以写点别的，反正想怎么写就怎么写。当然，三年后你还可以再写一篇。

这实在太棒了！计算一下，如果每周写八百字，三年后你就有了一本十万字的文集。写作文其实是在记录人生，十万字的文集，将是你这段时期的人生记录。你看，多棒！

最后，向你提个建议：在班上举行一次交流会，展示自己的文集，并朗读自己的文集序言，然后大家评选出单项和综合的优胜者。这又是多么好玩的事！

如果你也这么想，那么，赶快行动起来吧！

第一单元

感受大千世界

写作文了！拿起笔，摊开纸。

写什么呢？怎么写呢？这是作文中首先遇到的两大问题。

写什么？自然是写你的所见所闻所思所想。怎么写？自然也是把你的所见所闻所思所想记录下来。

有这么容易？

就这么容易！作文应该是你最喜欢的一件事。平时见到奇异的景物，听到有趣的故事，你不总是迫不及待地说给爸爸妈妈听，说给同学听吗？作文其实就是把自己所见所闻所思所想按一定的顺序说给别人听，写给别人看。

上学路上，那一抹绮丽的朝霞照在路人身上，你感到一种说不出的美；校园里，白玉兰突然一夜间绽放，一股清香扑鼻而来，使你心旷神怡；夏天的午后，热浪滚滚，你跳入清凉的河中，河水如无数片羽毛轻拂你的身体，你畅快得要大喊大叫；考试前夕，老师的一句叮咛，妈妈送到你书桌前的一杯热牛奶，都使你感动不已……

这一切所见所闻所思所想，都可以写进你的文章中，都是最好的文章素材。

你若有所思。平时，自己怎么就不注意这些呢？这么多的好素材，我怎么就视而不见呢？

那就要打开你的五官，去真切地感受这个大千世界。上天赋予每个人多么巨大的财富！你有眼睛可以看，有耳朵可以听，有手足可以触摸，有心灵可以感受！这些财富几乎是无穷无尽的，可以天天时时享用。你有了这么丰富的感受，还会怕写作文？

你一定知道海伦·凯勒，她先天少了视觉和听觉，但她依然“贪婪地”感受着这个世界，写下了一系列非常感人的文章。你的先天条件要好多了，完全可以看得更多，听得更清，体验得更真切。

那么，就放开你的一切感官，去看，去听，去触摸，去感受吧！你一定能写出一手好文章的！

第一课　教室里跳出一只小青蛙

> 观察吧，除了观察还是观察！
>
> ——罗丹

写作跳板

上课铃响了，你急匆匆地闯进教室。

可今天是你初中阶段第一堂作文课呀！你却……我无奈地摇了摇头，转身背向黑板，准备把作文题“开学第一天”写在黑板上。①

就在这时，你的同桌——一个文静的小女孩，突然一声尖叫。

一只小青蛙从你的课桌上跳起来！一蹦一跳，跳到男同学处，男同学一阵欢呼；跳到女同学处，女同学一阵尖叫。顿时，全班同学就像一群青蛙在乱蹦乱跳。

你惊慌地跳起来，扑向那只小青蛙。扑了好几下，终于把那只闯祸的小东西捧在手心里。

教室里久久不能安静下来。我当然十分生气。你的调皮把这如此神圣的第一堂作文课搅和了。为了点拨同学们如何写好“开学第一天”，我事先准备的一段煽情的演说也从嘴皮底下溜走了大半。这真是糟透了！我怒气冲冲地把你叫到讲台前。②

你战战兢兢地走上讲台，手中还捏着那只可怜的青蛙。小青蛙睁着两只大眼睛，突然又是“呱”的一声，全班同学又是一阵大笑。这回，连你的同桌也开心地笑出声来。

看着你一手泥污，稚气未脱的脸上闪过一丝狡黠的微笑，我突然怒气全消，仿佛自己也回到了童年。

十二三岁时的我，不也正是如此吗？下河摸鱼，上树掏鸟……今天，我为什么要如此怒气冲冲呢，不就是打乱了我精心设计好的一堂作文课嘛！

还写什么“开学第一天”！我脑中突然闪出一道精彩之极的作文题：教室里跳出一只小青蛙。③

于是，我激动地向全班同学宣布，今天的作文题是……

同学们哗然了。“就写这只小青蛙？”“这青蛙也能写进文章？”“青蛙有什么写头？”而你则尴尬地捏着青蛙，不知如何是好。你一定认为我是在借机奚落你。

青蛙怎么不能写进文章？我给大家读读鲁迅先生的著名散文《从百草园到三味书屋》中的一段："不必说碧绿的菜畦，光滑的石井栏，高大的皂荚树，紫红的桑葚；也不必说鸣蝉在树叶里长吟，肥胖的黄蜂伏在菜花上，轻捷的叫天子（云雀）忽然从草间直窜向云霄里去了。单是周围的短短的泥墙根一带，就有无限趣味。油蛉在这里低唱，蟋蟀们在这里弹琴。翻开断砖来，有时会遇见蜈蚣；还有斑蝥，倘若用手指按住它的脊梁，便会啪的一声，从后窍喷出一阵烟雾。何首乌藤和木莲藤缠络着，木莲有莲房一般的果实，何首乌有臃肿的根。有人说，何首乌根是有像人形的，吃了便可以成仙，我于是常常拔它起来，牵连不断地拔起来，也曾因此弄坏了泥墙，却从来没有见过有一块根像人样。如果不怕刺，还可以摘到覆盆子，像小珊瑚珠攒成的小球，又酸又甜，色味都比桑葚要好得远。"

大家想过没有，鲁迅先生不写上私塾的"第一天"，也不写"我的老师""我的理想"，他就写自己喜欢的动物和植物，而且写得如此精彩。他靠的是什么？靠的就是他的"观察"。不仅用眼看，还用耳听，用手触摸……

打开你们的五官，去感受、去体验这大千世界。这是写好作文的第一步，当然也是你们初中阶段第一堂作文课上我要说的最重要的一句话。

好好地观察刚才那只跳进教室的小青蛙，它的长相，它的叫声，它的绿色外衣，它那机警的眼睛，它的手感……

当然，你也可以不写青蛙，写你熟悉的别的小动物。

交流平台

① 这个题目很陈旧，不能激起学生的写作欲望。

② 老师也会生气。

③ 精彩的作文题有时来自苦思冥想，有时更需要灵机一动。

学生习作

乡下鸡

乡下的鸡，真笨！①

春节过后，阿姨从乡下回来，送来两只鸡。鸡太瘦了，妈妈决定把它们放在院子里养一阵子。②

怕它们跑掉，妈妈用绳子把它们拴在小树上。哪知道，乡下鸡很野，东转转西逛逛，没有多久，竟把自己一圈一圈地缠在树桩上，拍着翅膀抬着脚挣扎着。乡下鸡真笨！按原路回去不就行啦。怪不得老天爷将它们的身体造得大大的，而那个头小小的。

妈妈见它们可怜，给它们松了绑。它们也有解放的感觉，振了振翅膀，迅速地窜了出去，恢复了在乡下的天性，在草地上啄啄，在篱笆下翻翻，找食吃。不少时间，它们悠闲地踱着碎步，很有"祖国大地任我走"的架势。③

傍晚，妈妈要我将鸡儿捉拿归案。鸡儿不听话，我追，它们逃。无奈，我叫来妈妈。又无奈，妈妈叫来爸爸，全家一起围追堵截。鸡能斗得过人吗？加上我们人多势众，鸡终于束手就擒，被装进了一只大纸盒子。

第二天，我想出一个办法，把两只鸡的绳子拴在一起，这样它们既有自由，又互相有牵制。公安人员为了防止犯罪分子逃脱，不也是给两个犯罪分子同戴一副手铐吗？④

我们直到傍晚，也没想到那两只鸡。吃了晚饭，从超市回来，才想了起来。人，也有像鸡一样笨的时候！天已经黑了，到院子一看，却不见“鸡崽子”的踪影。妈妈学起了鸡的叫声，到处“咯咯咯”地叫，叫得还真像。妈妈在唱歌方面是前卫的，有什么动听的流行歌曲，她一哼便会，而且还随处地哼唱。这回，她的“咯咯咯”，比“咯咯咯”还“咯咯咯”呢！唱歌的天赋，用做“咯咯咯”，大材小用，真委屈妈妈了。我笑了。⑤

“你笑什么？——它们可能被夜猫子吃掉了！”妈妈有点沮丧，拉着我说，“不找了！”

我在厨房里正洗着手，忽然妈妈在门外大叫起来，继而又猛地大笑起来，有一点范进中举时的那种狂态。我大惊，三步并作两步地跑到门外。只见妈妈抬着那只大大的纸盒子，说道：“吓死我了，吓死我了！我弯腰去拿那盒子，盒子里竟然有‘咕噜噜’的声音，还探出两个头来，碰到我的脸上。”鸡自己跳进了盒子里！我笑弯了腰，妈妈的脸还有一点苍白，还没有完全恢复过来。

看那盒子，两只鸡挤在一起，缩着头缩着身子，我心里称赞道：“好聪明的两只鸡！”⑥

交流平台

① 开头就引发读者的好奇心。
② 交代前情。
③ 幽默。
④ 小题大做造成幽默效果。
⑤ 表面上写鸡笨，实际在写人笨。
⑥ 不知不觉地把“乡下”这两个字去掉了。

作文时同学们最怕的就是没东西可写。这是错觉。生活中任何东西都可以入文，且都可以写得很精彩。鲁迅笔下的“蟋蟀”“斑蝥”如此，教室里“一只小青蛙”如此，本文中的“一只乡下鸡”也如此。

鸡谁没见过？但不留心，就不会写得这么生动，这么鲜活。如果要说什么是写好作文的第一步，就从观察开始吧。

如何观察？先看本文小作者是怎样观察的：“乡下鸡很野，东转转西逛逛，没有多久，竟把自己一圈一圈地缠在树桩上，拍着翅膀抬着脚挣扎着。”“它们也有解放的感觉，振了振翅膀，迅速地窜了出去，恢复了在乡下的天性，在草地上啄啄，在篱笆下翻翻……悠闲地踱着碎步……”“弯腰去拿那盒子，盒子里竟然有‘咕噜噜’的声音，还探出两个头来，碰到我的脸上。”

你看，不但用眼看、用耳听、用手摸，更重要的是“用心”体察。小作者对所描写的乡下鸡充满了感情，没有把它当作异类，而是当作同类来观察，所以能写出“祖国大地任我走”“全家人一起围追堵截”“人，也有像鸡一样笨的时候”这样幽默风趣的文字。同样，在写“乡下鸡”时，小作者对妈妈的观察也特别仔细——妈妈“咯咯咯”地学鸡叫，妈妈像范进中举那样的狂态，都写得活灵活现。甚而至于，表面上是写鸡笨，实际上在写人笨呢！

这篇文章的成功，还在于它的联想自然、记叙有趣、行文幽默。但这一切都是以观察为基础的。

请你评点

有道是，他山之石，可以攻玉。又道是，前车之覆，后车之鉴。评点他人的作文，也是提高自己写作水平的一个有效方法。请你仔细阅读上面的评点文字，学学评点的方法。你也试着评点一下这篇习作，抓住一个角度即可，比如评点对乡下鸡外形的描写。

佳作借鉴

橙形犰狳（节选）

[英]杰·达雷

我在床上乱翻起来，终于摸到了在一团被单里绝望挣扎着的犰狳。当我把它拉出来的时候，它又马上蜷成一团。我坐在床边，细心地看它。它蜷缩起来后，那样子和大小很像一个小香瓜。这个“球”的一面有三条“绊”，它正是从这得到的名字。① 那是三排骨质鳞片，它被犰狳薄膜似的淡红而略带灰色的皮肤分开，这鳞片起着关节的作用。在这圆球的另一面，头和尾连在一起，它们完全被隆起的“装甲板”所覆盖，很像两个等腰锐角三角形。当犰狳蜷缩起来的时候，两个三角形会互相紧紧地挨着，遮盖住身体最薄弱、易受损伤的部位。犰狳身子上面的“装甲”都呈光亮的琥珀色，好像镶嵌上去的，真是巧夺天工。② 为了向我的听众讲解犰狳的外部特点，我把它放在地上，静等了片刻。但是，一连几分钟，它动也不动。之后，抽搐一下，浑身又是一阵颤抖。在头与尾那些三角形之间出现了一条小缝。一会儿，这条缝在变宽，现出一张小脸，那样子很像是小猪的嘴脸。接着，犰狳以迅速、敏捷的动作行动起来。这时它就像一个裂开似的球，变成一个大腰子形状。马上我们就看见了它那粉红色毛茸茸的肚子，那里长满密密的不太干净的白毛，玫瑰色的小爪子，小猪似的嘴脸，上面长着一对圆圆的凸出的黑眼睛。过了一会儿，它转了个身，从它的“装甲”下，只能看到几个爪子尖和几绺毛。露在后面的尾巴覆盖着弯曲的“铠甲”，那样子很像上面有很多刺的古代作战用的狼牙棒。在另一端探出了它的小脑袋，上面有三角形甲片组成的圆形“头盔”，还有一对像驴耳朵一样的小耳朵。在角质的“头盔”下，我看见了它那无毛的双颊，还有玫瑰色的鼻子，黑珠子般的多疑的眼睛。它那圆形的后爪尖很钝，很像缩小了无数倍的犀牛的蹄子。它的前爪同后爪的区别是如此悬殊，好像是另一个动物的爪。后脚由三个弯曲的爪尖组成，中间的那个最大，像带钩的猛禽的爪。它身体后部分的重量都靠扁平的后爪支撑，前爪就靠中间这个爪尖，因此它们的脚掌在地上走路时，看上去像踮着脚走似的。③

交流平台

① 一个“球”字，活现犰狳外形上的特点。

② “装甲”二字非常形象。

③ 注意一连串的“像”，把犰狳写活了。

犰狳你见过吗？可能动物园里也没有，但作者为我们“再现”了这种可爱的小动物，就如在我们跟前。它“蜷缩”，它“抽搐”，它“走路”……

这就是“如见其人”式的描写，靠的正是作者对它细致入微的观察，眼看耳闻皆有。

观察，是我们了解世界和认识世界的钥匙。我们所说的观察，已不仅仅是指用眼去看，以把握事物的形态、色彩等特征，更是要我们打开五官，从视觉、触觉、听觉、嗅觉、味觉等多方面去了解和认识世界万物。

请你尝试

1. 天空飞过一群鸽子

提示：注意鸽子由远及近，又由近及远飞翔的姿态（视角），发出的声音（听觉），以及你的心情。

2. 小麻雀飞进了教室

提示：也可以写小麻雀飞进教室时教室里的反响。

3. 校园的花草丛是小昆虫的乐园，请你选择你感到最有趣的一种昆虫，仔细观察并写下观察日记。

提示：这是一堂活动作文课，用三分之一的时间到室外观察，三分之一的时间写200字的观察日记，三分之一的时间与同学交流，并评出优秀作文。

4. 也许你家里有宠物，仔细观察，写出它的可爱或特别之处，在班中宣读。

第二课　睁大眼睛就是“看”吗？

春水满四泽，夏云多奇峰，秋月扬明晖，冬岭秀寒松。

——陶渊明

写作跳板

上一课我们谈到，观察是写好作文的第一步。这里的“观察”，不仅是眼看，还有耳闻、手摸……[①]

如果说，写好作文的第一步是观察，那么，“看”又是观察的第一步。婴儿呱呱落地，就睁开了双眼看世界了。“看”是我们人类与世界沟通的最简捷的方式，它可以眼见四方，目达千里，在最短的时间里接收到最丰富的信息。

中国古代有许多关于“看”的成语，如视若无睹、视而不见、有眼无珠、有眼不识泰山、一叶障目……

还真不少！注意到了吗？这些成语中，大多是有“眼”却不会“看”。为什么？

世上确有不少人有眼却看不到或看不清周围的事物；反之，海伦·凯勒双目失明，却清晰地“看”到了这个世界。可见，“看”需要你用心、用脑。否则，或“视而不见”，或“一叶障目”，或“走马观花”。

上次我们写《天空飞过一群鸽子》。不少同学写出了鸽子飞时的身姿，细心的同学还写到鸽子的羽毛，更有同学看到了鸽子飞时尾巴的动作。这都是用心“看”的结果。[②]而你只是笼统地写“鸽子飞快地掠过天空”，这就属于“走马观花”了。这样的作文自然不会精彩。

我们总是说，作文要有自己真切的感受，这“看”就是积累你感受的“接收器”。不仅是为了今天某个作文题，平时就应该时时睁大眼睛，仔细地看，用心去看。天长日久，脑中自然库存多多。俗话说“见多识广”，“见”是“识”的基础呀！

交流平台

① 作文如登梯，步步向上走。

② 反馈上次作文的得失是很重要的一步。

佳作借鉴

美的瞬间

日薄西山,晚霞映照。我信步来到学校的花园里。

一抹余晖,洒在正佝偻着身躯埋头松土的老花匠身上。① 霎时,老人、小锄、沃土、花朵……披上了金色,构成了一幅美得无与伦比的图画,我被强烈地震撼了。

那是一位清瘦矍铄的老人。他估摸五十来岁,还有……其实也没有什么了——因为老人太平凡、太简单。如果硬要说出他有什么与众不同,那,无非就是一身淡灰色的早已过时的中山装。

他屈着膝,弯着腰,铲着土,插着苗……他的那双手,满是皱纹,宛如老松树的皮;他的那双手,爬满茧子,记载着艰辛和勤劳;他的那双手,散发着泥土的芳香,创造着美……

小花园里着实清净,明朗。鸟语,花香,多姿,多彩。真是“春色怡人淡复浓,花园花放处处红。杨枝吹作千条线,唤侣黄鹂弄晓风”。

一阵嬉笑,天真的孩子在他耕耘的花园旁尽情玩乐;声声吟哦,花一般的少男少女,三三两两,或花旁,或树边,或低吟,或高诵。这一切,都给这美的画面增添了无限生机。花园中的每一株小苗都是一首诗;花园中的每一朵花,都是一首歌。② 它们清新隽永,纵使风采各异,表现的却是同一主题:老人——责任——奉献!

交流平台

① “洒”字用得很好,意境全出。

② 小苗是诗,小花是歌,都很美。

罗丹有句名言:“美是到处都有的。对于我们的眼睛,不是缺少美,而是缺少发现。”有了眼睛,还得用“心”去看,才能有所发现、有所感悟。

小作者之所以能在学校小花园里发现一幅美得无与伦比的画面,从一位老花匠身上感悟“责任”“奉献”的义理,在观察上是下了功夫的。他由远而近,观察夕阳下老花匠的“剪影”图,然后是老人的面容和衣着,再用“特写镜头”描写老花匠的那双手,写其形态、质感,还从嗅觉角度写他手上的泥土芳香。真可谓观察入微。此后,观察又由近向远,写花园之景,写花园内外的孩子,观察手段也增加了听觉等。这样一番“看”的过程,正是作者逐步贴近、领悟老花匠心灵境界的过程。

请你评点

“鸟语,花香,多姿,多彩”这八个字精彩吗?还是很空洞?你会如何展开描写?

佳作借鉴

夏日观云

佚　名

总忘不了夏日变幻的云。

云是四时流动的景。我曾神往玉女峰的云蒸雾绕，曾想象钱塘江的云脚平天，也曾梦游广寒宫的云翳笼桂。[①]在“日高人渴漫思茶”的长长炎夏，我独坐西窗，手捧香茗，观赏天边如水的行云。

淡蓝色的天空浮游着朵朵白云，慢慢地，在风的吹拂下，变得薄薄的，丝丝缕缕，像扯过的新棉絮无规则地铺开，露出几许蓝。云的美丽极富有层次，它悠悠地摆出许多姿态，呈现出万千风韵。

最美妙的是坐上驰动的车仰望天上的云景。那回，我意外发现一片云闪着金光，活脱脱像只凤凰，周边一尽地蓝。车在飞奔，那大鸟追着车展开双翅就要腾飞，渐渐地，它的爪不见了，它的美丽的尾翅不见了，接着天空燃烧着凤凰涅槃后火红的云霞。

云一刻不停地变幻，或叠涌此峰飞逝于彼，或孤芳自赏离群索居。它不着颜色，一身素裹，与宇宙、星辰辉映成景。人心仿佛自然的精灵，每时每刻都在流动变化，人的生命际遇莫测不定，有时乌云滚滚，有时随风化雨，人心在得失间喜悲。人若找着自己的方位，便会不以物喜，不以己悲，又何必羡慕那流云下的荷锄隐者？[②]

交流平台

① “曾……曾……也曾……”，联想丰富。

② 由云及人，妙。

感受大千世界，可以综合运用多种感官多方面地观察同一对象，也可以根据事物特点，集中用一种感官深入细致地观察。本文是侧重于“看”。这里，已不仅仅是“看”得如何仔细了。作者以其丰富广博的文学积淀、丰富生动的想象、精当得体的修辞，使“看”到的景致更加绮丽多彩。同学们经过努力，也能达到这样的境界。

请你尝试

1. 雨中绿叶

提示：注意雨落在叶子上的变化和叶子在雨中的形态。

2. 校园奇景

提示：新学期进入新学校，请寻找校园与众不同的一角进行描写。

3. 晨景动人

4. 窗前一景

第三课　雷声隆隆，你躲进了妈妈的被窝

请用心去聆听天籁之声！

——编者

写作跳板

你在自己房间静静地看书。突然，天空撕开一道口子，一道闪电把窗外照得如同白昼。接着，远处响起了隆隆的雷声，像小狗在发怒，像老虎在吼叫，像车轮在滚动……渐渐地，这声音由轻而重，由小而大，由远而近。[①]

突然，又是一声炸雷，似乎要把屋顶劈开，把大地劈开。这雷霆万钧的气势，把你吓坏了。你冲出房间，撞开妈妈的房门，钻进了妈妈的被窝。

为什么要怕这来自大自然的声音？古人称来自自然的声音为“天籁”。所谓“籁”，本是一种多孔的乐器，所以，天籁实际上就是指大自然的音乐。

大自然的音乐到处皆是，只是你要“用心”去听。清晨起床，你会听到悦耳的鸟鸣；雨打芭蕉，你会听到清脆的叮咚声；江河奔流，惊涛拍岸，你能听到有节奏的拍击声；小溪潺潺地流，风儿轻轻地吹，牛羊在呼朋引类，雄狮在山冈咆哮……这一切都是大自然在歌唱，有的优美，有的雄壮，各种不同的声音组成了自然的交响曲。

你想过没有，使你受惊的炸雷，正是这交响曲中最震撼人心的一章。如果你用心去欣赏、用心去倾听、用心去观察、用心去联想，你一定能感受到很多很多。

用心，是指聆听时要静心凝神。“耳朵里有不可捉摸的声响，极远的又是极近的，极洪大的又是极细切的，像春蚕在咀嚼桑叶，像野马在平原上奔驰，像山泉在呜咽，像波涛在澎湃。”写这话的人当时正露宿在半山腰仅一尺来宽的山路上。如果不是无畏坦然，静心凝神，是听不出这种感受的。

用心，又指善于边听边展开联想与想象。唐代大诗人白居易的《琵琶行》中有不少描写音乐的佳句，如：“大弦嘈嘈如急雨，小弦切切如私语。嘈嘈切切错杂弹，大珠小珠落玉盘。”“嘈嘈”的大弦，“切切”的“小弦”，使作者联想到“急雨”“私语”；大小弦错杂是韵律，又使作者联想到“大珠小珠落玉盘”。把本来看不见、摸不着的声音描写成视而可见、摸而可触的东西，多么精妙，多么贴切！这些形象贴切的比喻并非“信手拈来”，而是以丰富恰当的联想

与想象为基础的。[2]

用心，还指在聆听时要倾注自己的情感态度、希冀愿望，把自己放进去，把主观内心与客观外物协调统一起来。叮咚的山泉，隆隆的雷声，本是大自然的声音，但你能从中听出一些别的什么？山泉的叮咚，有没有自己童年的记忆？雷声的隆隆，有没有一种扫荡一切的正气？如果这样注入自己的情感，来自自然的声音一定有了更多的内涵。[3]

让我们怀着对大自然、对生活的热爱，用你的心去聆听“天籁”，然后再把你的感受写下来，你会突然发现，生活是那么多彩，你的情感世界是多么丰富！

交流平台

① 看到的东西有具体的物象，容易描写；听到的声音稍纵即逝，难以名状。

② 白居易《琵琶行》对初一学生来说难了点，但引出其中一两句完全可以。

③ 三个“用心”，三个层次，每达到一层就是登上一个台阶。

学生习作

听雨的乐趣

春花秋草，夏雨冬雪，和风煦日，闪电鸣雷……这都是大自然赐予我们的瑰宝，是我们的财富。

而雨，恰恰是这些财富中的精品，是大自然中的精灵。[1]

我爱雨，尤其爱听雨。[2]

春雨是文静的小姑娘，悄无声息地抛洒。诗圣杜甫有诗曰：“好雨知时节，当春乃发生。随风潜入夜，润物细无声。”在这样的春夜里，你什么事也不必做，只需捧一杯香茗，啜一口清茶，闭上眼睛，脑海里就有这样一幅画：大地是一张上好的宣纸，春雨是一枝饱蘸了绿意的笔，只需轻轻一点，那绿便晕开去，晕开去……伴着雨点落地，禾苗出土的声音，一曲清雅的《春江花月夜》便在你的心头响起了。[3]

夏天的雨可没有那样的好脾气，它像一个顽皮的孩子，趁你不注意，它就一路蹦跳着，嬉戏着，吵闹着下来了。它噼里啪啦地在一切能敲响的东西上敲起来，然后咚咚地落在你的玻璃窗上，好像在提醒你：注意，一首精彩的摇滚乐已经开始啦！然后你再用心地去听吧，你会听到一曲美妙的旋律的。为了把演出场地照亮，它还时不时地邀闪电来凑凑热闹。那一瞬间，黑夜如白昼，你还会看到成千上万的演奏家有条不紊地演奏着各自的音符。还没等回过神来，一个接一个的闷雷又从远处滚来，赶来倾听这最杰出的乐章。一整个夏夜，你便可以和碧梧翠竹一道陶醉在这惊心动魄的音符里。第二天，说不定你还会依稀记得：昨夜风疏雨骤，雨声滴碎荷声。[4]

秋，历来被人们誉为金秋；秋风，被人们誉为金风。那我们就把秋雨称为金雨吧。在听着金雨的时候，一切都变得沉默了，安静了。如果说金秋是一幅色彩凝重的油画，则金雨使是最具魅力的背景。我是在一个下着秋雨的早晨来到这世上的，我的名字中也就有了个风雨潇潇的“潇”字。现在，从这金色的雨声里，我仿佛听到了一个个新生命的欢唱，听到了庆丰收的锣鼓。在金雨中，农民丰收了稻谷，老师丰收了希望，而我们呢？我们又丰收了什么……

冬在人们的印象中是冷酷无情的，而冬雨却是温和敦厚的。它不慌不忙地飘落，融化着积雪残冰；它不紧不慢地下落，洗刷着尘埃污垢；它不疾不徐地降落，准备着春的到来。你听听窗外冬雨的声音，分明是春的前奏。你怡然进入梦乡后，冬雨就会在屋檐下留给你一个梦呓：春天快到啦！⑤

这就是四季的雨，这就是雨的声音。倾听了这些精灵带给你的天籁之音，你便会拥有一颗最纯真、最美好的心灵。

朋友，爱上听雨了吧，尽情地享受它带给你的无穷乐趣吧！⑥

交流平台

① 雨是“精品”，是“精灵”，这种比喻带着作者强烈的感情色彩。

② 果然，作者“爱雨”。

③ “听雨”的“听”，几乎没有着墨，表达上似乎扣题不紧。事实上，春雨也并不完全就是“悄无声息”的，静心凝神，还是能聆听出春雨的韵律的。

④ 作者注意了从听觉角度来描摹雨声，除了运用一些象声词（如：噼里啪啦、咚咚等）外，还把夏雨伴随电闪雷鸣垂落比拟为一场精彩的乐曲演奏。

⑤ “不慌不忙”“不紧不慢”“不疾不徐”这些都属于神态情状描写，是“看”而得之而非“听”而得之。

⑥ 不如把题目改为“四季的雨”。

小作者是“用心”在观察、在体验、在欣赏。特别是那些精彩的联想，比如“大地是一张上好的宣纸，春雨是一枝饱蘸了绿意的笔”。如果没有联想，没有想象，是不会写得这么生动的。不足之处是没有扣住题眼“听”来展开。

请你评点

选择“夏雨”这一段中的比喻，评点一下其优劣。

佳作借鉴

听潮（有删节）

王鲁彦

海睡熟了。

大小的岛拥抱着，偎依着，也静静地恍惚入了梦乡。

星星在头上眨着慵懒的眼睑，也像要睡了。

许久许久，我俩也像入睡了似的，停止了一切的思念和情绪。①

不晓得过了多少时候，远寺的钟声突然惊醒了海的酣梦，它恼怒似的激起波浪的兴奋，渐渐向我们脚下的岩石掀过来，发出汩汩的声音，像是谁在海底吐着气，海面的银光跟着晃动起来，银龙样的。接着我们脚下的岩石上就像铃、铙钹、钟鼓在奏鸣，而且声音愈响愈大。②

没有风。海自己醒了，喘着气，转侧着，打着呵欠，伸着懒腰，抹着眼睛。因为岛屿挡住了它的转动，它狠狠地用脚踢着，用手推着，用牙咬着。它一刻比一刻兴奋，一刻比一刻用劲。岩石也仿佛渐渐战栗，发出抵抗的嗥叫，击碎了海的鳞甲，片片飞散。

海终于愤怒了。它咆哮着袭击过来，猛烈地冲向岸边，冲进了岩石的罅隙里，又拨刺着岩石的壁垒。

音响就越大了。战鼓声，金锣声，呐喊声，叫号声，啼哭声，马蹄声，车轮声，机翼声，掺杂在一起，像千军万马混战了起来。

银光消失了。海水疯狂地汹涌着，吞没了远近大小的岛屿。它从我们的脚下扑了过来，响雷般地怒吼着，一阵阵地将满含着血腥的浪花泼溅在我们的身上。

"彦，这里会塌了！"妻战栗起来叫着说："我怕！"

"怕什么。这是伟大的乐章！海的美就在这里。"我说。③

交流平台

① 非常宁静，才能显出"听"来。

② 两次写"脚下的岩石"，目的都在突出"听潮"。第一次听到岩石被波浪冲击发出"汩汩"声，第二次听到岩石发出的铃、铙钹、钟鼓等的奏鸣声。

③ 又由妻和"我"的对比，反衬"我"爱的是愤怒的海，并认为愤怒的海才是最美的海。

请你尝试

1. 集市晨曲

提示：早晨的集市热闹非凡，有无数种声音的交响，请注意各种声音自何而来，如何汇合。

2. 我听________

提示：在横线上填写一种声音名，注意写出它的最特别处。

3. 客厅的笑声

4. 邀请几个同学欣赏音乐，交流感受，由一名同学执笔把大家的感受记录下来，再共同讨论写成文。

第四课　捕住风，捉住影

树木间的风声是我的催眠曲。

——史蒂文森

写作跳板

“捕风捉影”是个贬义词。“风”和“影”是不可能捕捉到的，所以“捕风捉影”就被用来形容事物虚无缥缈，没有根据。今天，我们从作文的角度对它来一次再认识，看看“风”和“影”能否捕捉住。

请先看两段文字：①

树木间的风声是我的催眠曲。有时候它用稳定平衡的节拍歌唱好几分钟，既不加强也不减弱，然后再提高调门，像一阵大轰大嗡的激浪，树木由于午后下了场雨，就把大颗的雨点打遍我的全身。一夜又一夜，在这个地区我自己的卧室中，我注意倾听林间风声组成的这种令人心情不能平静的音乐会，但不管是由于树木的不同还是由于地势，或许由于我身在外界或身处其中，事实是林子里风是用不同的调子歌唱。

一夜之间，春风来了。忽然，从塞外的苍苍草原、莽莽沙漠，滚滚而来。从关外扑过山头，漫过山梁，插山沟，灌山口，呜呜吹号，哄哄呼啸，飞沙走石，扑在窗户上，撒拉撒拉；扑在人脸上，如无数的针扎。

这两段文字是不是捕住了风，捉住了影？

第一段，风成了亲切的催眠曲；第二段，风是一种伟大的自然力。两段文字有一个共同点：或比喻或拟人，都将风化成了一个形象。但细看一下，两段文字“捕风”的方式又有所不同：第一段耳听与心悟相结合，第二段耳听中辅以眼看、身受。这样，用耳，用眼，用身，用心，用整个身心去感受“风”，“风”就被笔捉住，留在了文字中。

同样，只要全身心去拥抱自然，一样可以“捉影”。不过，与“捕风”略有不同的是，“影”往往与“光”连在一起。苏轼在《记承天寺夜游》有一名句“庭下如积水空明，水中藻、荇交横”，意思是庭中像积满了水，清澈透明；水中有纵横交错的水藻和荇菜。苏轼用“水”写光（月），用“藻、荇”写树影，光与影融为一体。

现在，你是不是对“捕风捉影”有了一种很特别的感觉？确实，作文就是要有这种“捕风捉影”的本领，能用你手中的笔留下事物中的像与影。②

交流平台

① 用优秀范文作引导，也是教作文一法。

② 有一种特别的感觉很重要，是作文有个性的基础。

学生习作

一

阳光若流水，倾泻于大地、海洋与天。阳光若细风，轻巧地穿过石缝、叶隙，哪怕是小小针孔。阳光是颜料，是她点染出红的花、绿的叶，点染出整个五彩的世界。阳光是慈母，毫无保留又不分彼此地把生命赋予参天巨树，赋予小小的草履虫；阳光是精灵，水面上看得见却拿不到的“银花”是她的杰作，地面上跳跃着的斑斑的光点儿是她的玩笑。①

二

从西北吹来的季风很直率，义无反顾地往你袖口里、领口里钻，② 你刚出门上路，就扎脸了。你耳边没有了春风绵绵细语般的絮叨，而深切地感受到彻骨的切肤的寒意和畅快。一片枯叶凋落，你猛抬头，发现所有的树都脱尽了叶子。树枝没有了树叶的装扮，格外清朗和坚实，交错的枝干成了树的真实内容，北风中翩翩摇曳，简洁而精干。

交流平台

① 阳光若“流水”“细风”“慈母”“精灵”……引发我们很多想象。

② “钻”很形象，可谓捕住了“风”。

这里选取的两段文字，在“捕风”“捉影”上都有自己的不凡之处。“阳光”是不好写的，但第一段文字却把阳光普照大地的感受写得很透亮。用“流水”“细风”“颜料”“慈母”“精灵”五个比喻来捕捉阳光，都很新鲜。第二段也有独到的地方：前半部分是直接写，后半部分是间接写，用树的“简洁而精干”来写风的强大。两段文字都较好地传达出了作者的真实感受，最重要的是把作者自己的心情写进去了。

请你评点

“捕风”这一段文字中，用了什么修辞手法？有什么作用？

佳作借鉴

风（有删节）

杨　绛

为什么天地这般复杂地把风约束在中间？硬的东西把它挡住，软的东西把它牵绕住。不管它怎样猛烈地吹，吹过遮天的山峰，洒脱缭绕的树林。扫过辽阔的海洋，终逃不到天地以外去。或者为此，风一辈子不能平静，和人的感情一样。①

蒸闷的暑天，风重重地把天压低了一半，树梢头的小叶子都沉沉垂着，风一丝不动。可是何曾平静呢？风的力量，已经可以预先觉到，好像蹲伏的猛兽，不在睡觉，正要纵身远跳。只有拂拂微风最平静，没有东西去阻挠它：树叶儿由它撩拨，杨柳顺着它弯腰，花儿草儿都随它俯仰，门里窗里任它出进。轻云附着它浮动，水面被它偎着，也柔和地让它搓揉。

假如一股流水，嫌两岸束缚太紧，它只要流、流、流，直流到海，便没了边界，便自由了。风呢，除非把它紧紧收束起来，却没法儿解脱它。放松些，让它吹重些吧；树枝儿便拦住不放，脚下一块石子一棵小草都横着身子伸着臂膀来阻挡。窗嫌小，门嫌狭，都挤不过去。墙把它遮住，房子把它罩住。但是风顾得这些么？沙石不妨带着走，树叶儿可以卷个光，墙可以推倒，房子可以掀翻。再吹重些，树木可以拔掉，山石可以吹塌，可以卷起大浪，把大块土地吞没，可以把房屋城堡一股脑儿扫个干净。听它狂嗥狞笑怒吼哀号一般，愈是阻挡它，愈是发狂一般推撞过去。谁还能管它么？地上的泥沙吹在半天，天上的云压近了地，太阳没了光辉，地上没了颜色，直要把天地捣毁，恢复那不分天地的混沌。②

不过风究竟不能掀翻一角青天，撞将出去。不管怎样猛烈，毕竟闷在小小一个天地中间。吹吧，只能像海底起伏鼓动着的那股力量，掀起一浪，又被压伏下去。风就是这般压在天底下，吹着吹着，只把地面吹起成一片凌乱，自己照旧是不得自由。末了，像盛怒到极点，不能再怒，化成恹恹的烦闷懊恼；像悲哀到极点，转成绵绵幽恨；狂欢到极点，变为凄凉；失望到极点，成了淡漠。风尽情闹到极点，也乏了。不论是严冷的风，蒸热的风，不论是哀号的风，怒叫的风，到末了，渐渐儿微弱下去，剩几声悠长的叹气，便没了声音，好像风都吹完了。③

但是风哪里就吹完了呢。只要听平静的时候，夜晚黄昏，往往有几声低吁，像安命的老人无可奈何的叹息。风究竟还不肯驯服。或者就为此吧，天地把风这般紧紧地约束着。

交流平台

① 一下子写出了“风”的特点。

② 写树叶、写花草、写门窗、写云、写水，都是为了写“风”。

③ 拟人手法，是以有形写无形的好办法。

杨绛“捕风”的本领真大：她先用天地把风束住，然后让风或“微拂”，或“重吹”，或“狂嗥、狞笑、怒吼、哀号”，或“烦闷、懊恼”，或“绵绵幽恨”，或“凄凉”，或“淡漠”，或“低吁”，或“叹息”。这样，第一段的那句“风一辈子不能平静，和人的感情一样”，就有了注脚。

人与人之间讲究情感的互动。写作也一样。当你把自己的心掏给了你的写作对象，当你把它所需要的都给了它时，它也会把它最有特色的一面呈现给你。

请你尝试

1. 观看风起云涌

提示：注意写出风与云的变化。

2. 窗外明月光

3. 举行一次朗诵会：先选取一组以写“风”与“影”为内容的古典诗歌进行朗诵，再研究一下古人如何写“风”与“影”，然后借鉴这些写法，写一篇有关“风”与“影”的文章，到班里朗诵。

4. 朝霞映在________上（横线上填一个名词）

第五课　噼里啪啦踩水去

单凭触觉就能获得这么多的快乐，视觉所能展示于人的，又会有多少！

——海伦·凯勒

写作跳板

下课了，我默默地坐在讲台前，看着几个男同学把教室前的积水踩得四处飞溅。我突然想起了好莱坞影片《雨中情》：一个醉汉拿着伞，在雨中快乐地跳着舞。他也是这么噼里啪啦，噼里啪啦，把雨水溅得到处都是。①

这是多么快乐呀！我突然做出一个惊人之举：脱下皮鞋，脱下袜子，赤着脚，就这么踩进了水中。②

"来呀，大家一起来！"我也把水踩得噼里啪啦、噼里啪啦的，水溅到几个发呆的男同学身上。他们恍然大悟，大笑一声，又嬉闹开了。

"要踩水，就得像老师那样，脱了鞋袜，光着脚丫。这才是真正和大自然零距离接触！"男同学"哇"的一声，纷纷仿效。顿时，几十双光脚丫把院子里的积水踩得沸腾起来。

"女同学，也脱了鞋袜，下水来！"我一声令下，女同学也犹犹豫豫地下了水。

"怎么样，过瘾吧？"闹够了，我把同学们召回教室。"谁能说说，水给你一种什么感觉？"③

"很爽！"

"有点凉。"

"滑滑的。"

"像踩在细沙里。"

……

要描写身边的事物，除了眼观耳闻，更重要的是手足的触摸。在所有的感觉中，触觉是最生动最真切的。通过触觉，我们能准确地把握事物的形状、质感、动静、暖凉……

要把刚才的踩水写生动，就要亲自"下水"，还得赤着脚丫。那么，如果要写泥鳅呢？要写登山呢？

"就得亲自捉一捉，就得亲自登一登！"同学们异口同声地回答。我会心地笑了。

交流平台

① 优秀的艺术作品永远是写作灵感的源泉。

② 老师真正走进了学生中。作文教学也当如此。

③ 玩够了,及时回到学习中,及时消化。

学生习作

小猫，再见！

“你这次考试怎么考的?”妈妈一边怒气冲冲地呵斥我,一边翻看着刚发下的学生手册。这时我习惯性地抱起受到惊吓的小猫。“你瞧,都是初一的学生了,还整天抱着小猫,明天我一定要把它送掉。”“不要。”我边说边抚摸着小猫,而小猫好像知道什么似的,躲到了桌子底下。

第二天傍晚,妈妈决定把小猫送走,我知道难以阻拦,只能陪着妈妈为小猫做最后的辞行。小雨淅淅沥沥地下着,我和妈妈把小猫装进布袋,合撑着伞,走出了家门。一路上,小猫来到我家的情形浮现在我的脑海中。当我第一次见到小猫时,就被它可爱的模样所吸引:透亮的眼睛,灵活的耳朵,长长的胡须,时不时翘起的尾巴,特别是它那一身柔软的绒毛,用手抚摸它时有种舒适的感觉。我还特别喜欢被小猫舔手掌,那略略带刺的舌头,磨得我手心痒痒的。

记得有一天,我用激光笔逗小猫玩,小猫看到地上的红点,就像看见老鼠一样猛扑过去。当我把红点照到墙上时,小猫立刻转身追赶。我又把红点射到小猫身上,小猫手舞足蹈,犹如“猴子捞月”一般,一副可爱的滑稽相。①

“到了,就把小猫放在这儿吧。”妈妈指着一块空地说。我抱起小猫,心中默默地对它说:“对不起,因为我没有将期末考试考好,让你去过另一种生活了。”小猫仿佛知道了自己要被“放逐”,硬是用它尖尖的爪子勾住我的手,勾出了几道细细的血痕。妈妈从我手中接过小猫放在空地上,拉着我匆匆地离开。我一步三回头,依依不舍地与小猫分别了。天越来越黑,雨越下越大,似乎在为小猫的“遭遇”而暗暗哭泣。

回到家中,全身淋湿的我坐在书桌前,耳边依然回响着小猫的叫唤声……每天放学回家迎接我的是小猫,围着我亲昵地“喵喵”叫;我做作业疲劳时,逗小猫嬉戏玩耍,顿感轻松、快乐。但有时候,小猫也太调皮了,椅子、沙发甚至床上都留下了它的“梅花印”②。一次,它还衔走了一张练习卷,当我发现时,它竟与我玩起了“捉迷藏”,惹得我哭笑不得。

现在小猫离我而去了,我在内心轻轻地呼唤:再见吧,我心爱的小猫!

交流平台

① 把猫的调皮写活了。

② 能写出“梅花印”，说明小作者观察的确很细。

有些感受，少了触觉是很难体验到的，如文中的“被小猫舔手掌，那略略带刺的舌头，磨得我手心痒痒的”。又如“用它尖尖的爪子勾住我的手，勾出了几道细细的血痕”。正因为这种“零距离”的接触，才会有如此细腻传神的描写。

事实上，触摸和被触摸，本身就是人与生俱来的生理、心理的需要。谁没有躺在母亲怀里被抚摸的回忆，谁没有既爱又怕地触摸小狗小猫的经历？这种“零距离”的接触，可以增加人与人、人与动物、人与植物，乃至人与大自然之间的亲近感。这是消除疑虑恐惧，是爱和关怀的最好表示，也是作文显得真实和真切的最佳方法。

请你评点

“用激光笔逗小猫玩”这一段写得如何？

佳作借鉴

拔刺儿（有删节）

谢宗玉

小时候我可没少挨刺扎，记忆中，从童年到少年好像是一个持续拔刺的过程。那时一年四季都上山砍柴，砍柴时只能穿破旧的鞋，旧鞋穿久了，鞋底就会磨成薄薄的一层，躲在地上的刺儿就会透过鞋底扎进来了。于是，脚就吃苦了，每走一步，山坡上砥脚的尖物会让你痛得直哆嗦。脚板一会儿痛麻木了，再多的刺儿扎进来也就感觉不出了。要等到把柴担回家，洗了澡，脚板逐步复苏，细细腻腻这里那里的疼才会把刺的准确位置反映给你。

可也别把挨刺儿的事想象得那么糟糕，乡村里每一件农活都不那么“秀气”，都会让劳动者身体的某个部位感到疼痛或者疲乏。如果说挨刺儿是一件遭罪的事，那么拔刺儿可就是一种小小的享受了，不过得让别人拔。小时候钻进我肌肤里的大多数刺儿是我母亲拔的。农事繁忙，平时母亲很少有时间亲近我们，只有等到劳动时扎了刺儿，母亲那双温柔的手才会拾起一根细针在我们的手指或脚板心拨划。记忆中，挑刺儿多是在晚上，母亲把一盏如豆的油灯移近来，让我趴在床上，脚板反过来高高地搁在椅子上。由于灯太暗，母亲几乎把脸贴到了我的脚板心，她热乎乎的呼吸就在我的脚板心上细细微微地舔着。母亲右指握针，左指轻轻地在我的脚板心上游移。我稚嫩的脚板自然少不了杂七杂八的伤痕和疤迹，母亲就发出一些怜爱的嘘叹。每每这时，我就会感到幸福得像花儿一样，恨不得母亲不要一下子把刺儿找着才好。

母亲用手这里那里轻轻地点着，我突然疼得一颤，那就是扎刺的地方了。挑刺时，母亲往往先要拈起针在她的黑发里拨划两下，那种优美和从容是无法用语言形容的。母亲用左手捉住扎刺地方的皮肉，防止毛细血管的血渗出；右手则小心翼翼地动着针儿。要不了一会儿，母亲就将刺儿挑出来了。我嫌她太快，觉得不过瘾，就骗她还有哪哪也扎了刺儿，待母亲在我的脚上挠摁半天，我才笑出声来。母亲知道我骗她，就嗔骂一句，把我的脚从椅子上拨下来，藏好针，转身做别的事去了。

交流平台

“每走一步，山坡上砥脚的尖物会让你痛得直哆嗦。脚板一会儿痛麻木了，再多的刺儿扎进来也就感觉不出了。要等到把柴担回家，洗了脚，脚板逐步复苏，细细腻腻这里那里的疼才会把刺的准确位置反映给你。”

不是自己脚上的刺，怎么写得出这样的文字？

同样，母亲在灯下拔刺，也写得细腻之至。特别要注意的是，拔刺中那股浓浓的母爱：“母亲几乎把脸贴到了我的脚板心，她热乎乎的呼吸就在我的脚板心上细细微微地舔着。”这种母子情感的“零距离”，源于母亲手中的针儿和儿子脚上的刺儿的“零距离”。

不要因为这些都是生活中的琐事，写出来显得婆婆妈妈被人嘲笑。这些原汁原味的细节，正是你文章独特之处，自然也是精彩之处。

请你尝试

1. 赤脚走在________（田埂、沙滩、山路、草地、水泥路面……）

提示：脱下你的鞋子，大胆地向前走，看看那是一种什么样的感觉。

2. 举行一次大型户外活动，记下自己的感受，在口头交流的基础上修改成文。

3. 妈妈的脚

提示：给妈妈洗一次脚，写出洗脚时特殊的感觉。

4. 戏水，戏沙

提示：当你全身与水或与沙接触时，你会有一种怎样的感觉？

第二单元

蹦蹦跳跳我的心

“少年像一个快乐的王子，他不问天多高，也不知人间有烦恼，一心只想摘下天上的明星，铺一条光辉灿烂的大道。”美国画家拜尔的话是否“击中”了你那颗蹦跳的心？

少年“不问天多高”，因为他无须去问。在他的世界中，只有“高高的蓝天”“弯弯的月亮”“闪光的星星”……只有“我的最爱”“我的快乐”“我的梦想”……只有率性而为的痛快：想说就说，想笑就笑，想哭就哭，想做就做，想玩就玩……

率性少年是鲜艳的彩霞，热烈、闪亮。

率性少年是鸣响的清泉，澄澈、活泼。

率性少年是翻飞的小鸟，自由、灵动。

率性少年是初生的牛犊，勇猛、无畏。

率性少年是伟大的艺术，激情与创造，是他永远的代名词。

展开你桌上洁白的稿纸，用想象和语言勾画一条光辉灿烂的大道！

展开你桌上洁白的稿纸，用才华和文字描绘你蹦蹦跳跳的心！

第一课 “玩”出作文最高分

玩决定你的生活质量。

——编者

写作跳板

1995 年上海的高考作文题是《我的财富》，没有想到最高分的获得者竟是一个“玩家”。他玩什么？钱币！文章写了他玩钱币的经历。在玩中，他认识了篆文；在玩中，他懂得了图案设计；在玩中，他提高了鉴赏力；在玩中，他养成了锲而不舍的习惯。玩，使他获得了极大的精神满足。高考后在接受记者采访时，他说自己对钱币的兴趣在小学四年级就有了，上初中后渐入佳境，上高中就到了如醉如痴的地步。可以说，他是用自己八年不辍的“淘币”生活，铸造了这篇作文。①

“玩”出作文最高分，这是多么有趣的事！

通过玩，你增长了知识。就拿玩钱币来说，不仅可获得钱币这一特殊商品的种种知识，还能从中获得丰富的历史知识，获得书法、美术、设计、金属浇铸、考古等许多方面的知识。这些知识的储备，为你的写作准备了一个丰富的材料库。

通过玩，你获得精神的满足。有人说，玩决定你的生活质量。此言不虚。所玩之物往往是一个人的精神寓所。赵元任是清华四大导师之一，有一次儿子问他，为什么选择这样枯燥的语言来研究？他回答说：“我是在玩呀！”说得多好啊！他是把事业作为一种精神的需要，作为一种乐趣来对待，无怪乎“玩”出那么大的成绩！好的作文都是材料中见精神的，当你把自己的“精神寓所”移到了作文中，你的作文肯定是有灵魂的。②

当你以一种锲而不舍的精神对待你的爱好时，你也在玩中培养起了锲而不舍的精神；当你对把玩之物默然于心时，所玩之物本身的一些性情也会融入你的品性中。好作文都是见情见性的，你把这种由爱好塑造的性情投射到作文中，作文就有了性情。

玩是一种全身心的投入，它热情如火，它心无旁骛，它没有精神负担，它不存杂念，培养你的专注精神。当你把这种精神投射到其他活动中，你便获得事半功倍之效。③

你有爱好吗？你是否也对自己所玩之物如醉如痴？能否把这种爱好所得，用你的文笔展示出来？

写自己的"玩",你不会笔涩,不会心累。

交流平台

① 很有说服力的事实。

② 多么新奇的说法,又是那么千真万确。

③ 如果写作文也达到"玩"的境界,还会怕作文吗?

学生习作

茶 思

喜欢喝茶的我,寂寞的时候也喜欢看茶,常常在晚上,用一只透明玻璃杯泡一杯茶,在灯下久久地看她。看蜷曲枯干、死气沉沉的她,如何在滚烫的沸水里,长长地叹息一声,便像得了仙气,在刹那间,舒展嫩泽碧绿的叶片,又活了过来。我觉得我不是在看茶,而是在看一个起死回生的奇迹。①

当沸水溢至杯口时,茶叶们又换了一种活跃的方式。她们争先恐后地浮上水面。我的视线被她们锁住了,心灵震撼于她们如此惊人的积极性。但我仍不否认有些花叶是沉在杯底的。这些茶叶如同妙龄少女,她的皮肤如饥似渴地吮吸;她周身的血管气脉开始流畅;她暗暗的嗓子开始清亮,她的周身轻盈了,飘逸了。此时,她那蜷缩枯干的身心,湿润了,翠绿绿地舒展开放了。她沉静,她秀丽,她湿润雅致。她又回到了千娇百媚的从前。轻轻吹皱了那一池碧水,竟惊讶地发现,那些浮在最上面的茶叶,一经我吹落水底后,下面又有一些浮上来,填补了缺位。②

"好迅速!"我微笑着。

在烛光的照耀下,杯中升起的袅袅雾气渐现透明。戴上眼镜,仔细端详着那梦幻般的水雾。她像一匹绸缎,倚着空气曲折,我能清楚地看见组成水雾的根根蔼蔼水丝,正像绸缎上密密麻麻的针足线脚一般。真耶?幻耶?

此时此刻,茶叶也停止了喧腾,如谦谦君子,一根,两根地向下坠去。下坠的速度很慢,像是对水面上的风景还有些恋恋不舍……

最终,绿色沉淀在水底,揉碎了的清香,渐渐溢出水面,直入灵魂。

窗外夜色沉沉,我望着眼前的烛火,心中一动。我一直喜欢品茶,这似乎与我的年龄毫不相符,总妄想从茶道中品出历史上下五千年。终于,在这孤寂的冬至夜的火光里,我感悟了。这是地狱后的天堂,是苦难后的温馨。茶忍受了一生的磨难,似乎就为了这一个夜晚的清香。她浮在水面上不是贪图水面的风景,她们前仆后继,上下不已,是为了面对高温的洗礼,释放自己细胞里的清香,然后默默沉入水底,给人们留下融融绿色和阵阵余香……③

交流平台

① 很深沉的样子。

② 拟人比喻使文章活了。

③ 写茶是在写自己对生活的感悟。

这就是“玩”出来的文章。忙里偷闲，是生活情趣。情趣不是肤浅的表层生活乐趣，而是深入生活里层获得的惬意。

注意在文章生动的描写中展示的想象力。描写茶叶在水中“死而复生”的那几段文字，细腻而动人。作者除了具有敏锐的洞察力、熟练驾驭语言的能力外，思想的深度也是一个重要原因。“思”来自哪里？来自玩中所悟之道。

请你评点

这类少年老成的文章，好像少了点少年天真的“玩”劲。你觉得呢？

佳作借鉴

喝茶（有删节）

周作人

喝茶当于瓦屋纸窗下，清泉绿茶，用素雅的陶瓷茶具，同二三人共饮，得半日之闲，可抵十年的尘梦。① 喝茶之后，再去继续修各人的胜业，无论为名为利，都无不可，但偶然的片刻优游乃断不可少。中国喝茶时多吃瓜子，我觉得不很适宜；喝茶时可吃的东西应当是清淡的“茶食”。中国的茶食却变了“满汉饽饽”，其性质与“阿阿兜”相差无几，不是喝茶时所吃的东西了。日本的点心虽是豆米的成品，但那优雅的形色，朴素的味道，很合于茶食的资格，如各色的“羊羹”（据上田恭辅氏考据，说是出于中国唐时的羊肝饼），尤有特殊的风味。江南茶馆中有一种“干丝”，用豆腐干切成细丝，加姜丝酱油，重汤炖热，上浇麻油，出以供客，其利益为“堂倌”所独有。豆腐干中本有一种“茶干”，今变而为丝，亦颇与茶相宜。在南京时常食此品，据云有某寺方丈所制为最，虽也曾尝试，却已忘记，所记得者乃只是下关的江天阁而已。学生们的习惯，平常“干丝”既出，大抵不即食，等到麻油再加，开水重换之后，始行举箸，最后合式。因为一到即罄，次碗继至，不遑应酬，否则麻油三浇，旋即撤去，怒形于色，未免使客不欢而散，茶意都消了。②

吾乡昌安门外有一处地方名三脚桥（实在并无三脚，乃是三出，因以一桥而跨三汊的河上也），其地有豆腐店曰周德和者，制茶干最有名。寻常的豆腐干方约寸半，厚三分，值钱二文。周德和的价值相同，小而且薄，才及一半，黝黑坚实，如紫檀片。我家距三脚桥有步行两小时路程，故殊不易得，但能吃到油炸者而已。每天有人挑担设炉镬，沿街叫卖，其词曰：

辣酱辣，
麻油炸，
红酱搽，

辣酱拓，

周德和格五香油炸豆腐干。③

其制法如上所述，以竹丝插其末端，每枚三文。豆腐干大小如周德和，而甚柔软，大约是常品，惟经过这样烹调，虽然不是茶食之一，却也不失为一种好豆食。——豆腐的确也是极好的佳妙的食品，可以有种种的变化，惟在西洋不会被领解，正如茶一般。

交流平台

① 瓦屋纸窗，清泉绿茶，使人回味无穷。

② 如数家珍，不是“玩”家，如何写得出？

③ 小曲一支，如闻其声。

在周作人看来，喝茶要在瓦屋纸窗下，清泉绿茶，素雅茶具，“同二三人共饮”，并且还要有上好茶食相佐，真是生活的艺术、艺术的生活。当然这不是一般人所能为。周作人的“赏鉴”，其实已超出了“玩”，应在“玩”之上。当你对自己所玩之物已超出了“玩”，进入到了一种“赏鉴”的境界，会有一种怎样的生活情致呢？

请你尝试

1. 生活在趣味中

提示：通过趣味写自己的生活，因此“趣味”是你写作的重点。趣味出来了，生活味也就出来了。

2. ________的日子（横线上填你玩的内容，比如“下棋”“集邮”等）

3. 与朋友同乐

4. 我喜欢吃________（横线上填食物名）

第二课　额上有粒青春痘

任何东西都不可能完美得无可挑剔。

——伊索

写作跳板

这几天你一直心绪不宁，如临大敌。

这“大敌”不是别的，而是你额头上突然冒出的一粒青春痘！这对一个爱美的小姑娘来说，犹如晴天霹雳。

其实，青春痘是青春发育期很正常的现象。只要不是长满一脸，应该不是什么“洪水猛兽”。

生活中像青春痘这样的不速之客很多，我们无法将它们全部拒之门外。与其整天为之烦恼，不如坦然面对，或者笑脸相迎。

额头上起了青春痘，正说明你长大了呀！青春是人生最美好的，凡是与青春有关的，也应该是美好的。这小小的红疙瘩以青春冠名，自然也应是你的好朋友。

来，让我们笑纳它的不期而至。干脆，为它写一篇文章，说说你如何为之烦恼，或者对之释然……①

怎么，这样的文章很难写？没有一个具体的事件和人物，容易东拉西扯。

这就要看你如何组织材料了。你洗脸、照镜、饭桌上的话题等，都是很好的材料，但彼此之间好像没什么联系，就如分散的一堆珍珠，需要用一条红线把它们串起来。②

这条红线是什么？就是“青春痘”这三个字呀！我们常说散文要形散神不散。怎么做到神不散？让那个关键词不断出现，并贯串全文，就是一个简单而有效的方法。平时，我们又称之为“红线串珠法”。

学了就用，试着用“红线串珠法”写写你的青春痘。我相信，它一定是篇好文章，因为写的都是你的真感受、真体验。

交流平台

① 事无大小，皆可入文。

② 表面上写青春痘，实际上应表现得更多。

学生习作

可爱的痘痘

青春美丽痘，又名美丽青春痘，颠过来倒过去就只是想突出“青春”“美丽”二词。但是脸上长满了那些或红或黑，一个个像隐性地雷似的痘痘，然后趁哪个倒霉蛋手指头在专心致志地排雷时，突然丧心病狂地爆炸，弄得脸上像一块块被开垦过的田似的，沟渠分明，下雨时还会有蓄水与排水功能，实在是并不美丽，并不青春。①

诗人但丁有句哲言：走自己的的路，让别人说去吧。对此，“痘痘一族”们却不能采用拿来主义。一个正常的人不可能长着一张“地势险峻”的脸挺胸抬头地走自己的路，而不去关心别人私下议论什么。据我观察，“重灾区”们一半以上患有隐性驼背！因此我每天晚上总要保持一种昂首挺胸的睡姿……②

我听政治老师说，透过表面现象才能看到问题本质。依此类推，只有透过生痘现象才能看到生痘本质。妈妈听别人说，不吃油腻，不吃辣椒，会帮助去痘。她炒菜时，每次都不会放辣椒，而且纯素，更没有半点油渍。我吃着只有在高僧庙里才能吃到的菜肴，面部静如止水，胃里却如长江决堤，波涛汹涌，只是在引力的反作用下，向上而不是向下涌。

妈妈发现她的儿子在这种可以成仙得道的日子里，逐渐长“高”了——横向长度的减短可以使人看上去纵向高度有所增长；颧骨日益丰满了，但小痘子在它的母体，依然生龙活虎。“曲线灭痘”失败了。

我启动另一套方案：利用药物，直接除痘。

上至电视广告，下至街头小报，我一一阅读，精挑细选。最终选中了那个由笑得最甜的小姐担纲代言人的某品牌，这是印象分抢了头彩。当我在一阵荡气回肠的大肆涂抹之后，觉得面部有些紧张，我凑上镜前，一张陌生的脸，五颜六色，像个圆圆的调色盘。刚才那些还是乳白可爱的涂膏竟与我的面部有机物发生了一系列我所未知的反应。我庆幸，到目前为止，还未出现一些化学反应基本现象。我跑到水龙头前，准备把那些反应残余物③洗掉，但它们竟与那些痘痞子们同流合污，死皮赖脸地抓住不放。我只好一片一片地把它们揭下来。在一阵刺痛中，我惊奇地发现那些曾经气焰嚣张的痘子竟老老实实地趴在被我揭下的涂膏上，我未喜，因为我还惊奇地发现一些本属于身体原装的某些部分也在上面，我的面部土地由高原完完整整地转型为丘壑。我恍然大悟，原来这件商品并未骗我，它只不过是独辟蹊径罢了。虽然与其他产品有异曲同工之效，但我还是会记住一句话：不要轻易相信微笑的女人——尤其是广告上的。

我得出结论：小痘子是自生自灭的东西，也有自己的生活空间和生存方式，既然这样，我们又怎可以用自己的主观臆断去消灭它呢？本是同根生，相煎何太急！与它成为好朋友，一起携手走进那久违的阳光！④

交流平台

① 有点自然主义了。不美。
② 忽东忽西，想象丰富。
③ 用化学术语，是一种小幽默。
④ 与第一段呼应。

“红线串珠”，就是用一关键语句串起全文。它是文章主题思想形象而生动的体现，也是组织全文材料的重要线索；它可以是诗歌、格言、警句，也可以是某一概括性较强的词句。

本文就以“青春痘”这一关键词为线，串起了由那些小痘痘而引出的诸多烦恼。烦恼中又不乏调侃和幽默，使文章有了几分洒脱。我们好像看到了这个可爱的男孩，看到他脸上的微笑和几粒小小的痘痘。

请你评点

幽默人人喜欢，但过多的调侃已不是幽默了。你认为本文调侃过火了吗？

佳作借鉴

孩子，我为什么打你（有删节）

毕淑敏

有一天与朋友聊天，我说，我这一辈子，从没打过人……

你突然插嘴说：“妈妈，你经常打一个人，那就是我……”

那一瞬屋里很静很静。那一天我继续同客人谈了很多的话，但所有的话都心不在焉。孩子，你那固执的一问，仿佛爬山虎无数细小的卷须，攀满我的整个心灵。[①]

在你最小的时候，我不曾打你。你那么幼嫩，好像一粒包在荚中的青豌豆。我生怕任何一点儿轻微的碰撞，将你稚弱的生命擦伤。

你像竹笋一样开始长大，你开始淘气，开始恶作剧……对你摔破的盆碗、折毁的玩具、遗失的钱币、污脏的衣着……我都不曾打过你，我想这对于一个正常而活泼的儿童，都像走路会跌跤一样应该原谅。

第一次打你的起因，已经记不清了。那时你已渐渐懂事，初步具备童年人的智慧：它混沌天真又我行我素，它狡黠异常又漏洞百出。你像一匹顽皮的小兽，放任无羁地奔向你向往中的草原，而我则要你接受人类社会公认的法则……为了让你记住并终生遵守它们，在所有的苦口婆心都宣告失败，在所有的夸奖、批评、恐吓以及奖赏都无以建树之后，我被迫拿出最后一件武器——这就是殴打。

我知道打人犯法，但这个世界给了为人父母者一项特殊的赦免——打是爱。世人将这一份特权赋予母亲,但我行使它的时候臂系千钧。

我谨慎地使用殴打,犹如一个穷人使用他最后的金钱。②每当打你的时候,我的心都在颤抖。我一次又一次问自己:是不是到了非打不可的时候?不打他我还有没有其他的办法?只有当所有的努力都归于失败,孩子,我才会举起我的手……

孩子,听了你的话,我终于决定不再打你了。因为你已经长大,因为你已经懂了很多的道理。毫不懂道理的婴孩和已经很懂道理的成人,我以为都不必打,因为打是没有用的。唯有对半懂半不懂、自以为懂其实不甚懂道理的孩童,才可以打,以助他们快快长大。

孩子,打与不打都是爱,你可懂得?③

交流平台

① 描写细腻,尤其是"爬山虎"的小卷须。

② 比喻精当。

③ 结尾有力,深情,令人动容。

父母该不该打孩子?这是父母与孩子争论的永久话题。作家以第二人称口气,亲切地与孩子谈心。全文以"为什么打你"为红线,这几个字多次反复,用一种类似重章叠句一唱三叹的手法给我们留下了深刻的印象。当然,也使得文章主题更加突出,线索更加清晰。

请你尝试

1. 今天是周日,你独自一人坐在窗前。窗外,是淅淅沥沥的春雨。这时,你浮想联翩,想到过去的某一场春雨、一些令人伤怀的往事……

提示:以"小雨"为关键词,把那些往事串起来。注意要提炼出一个能统领全文的立意。

2. 分数,让我欢喜让我忧

提示:以分数为红线,串起"喜"和"忧"。

3. 人生曲线

4. 麦子黄了

第三课　大胆地说说你自己

任何人都不许轻视自己及其人生。

——鲁道夫·欧肯

写作跳板

你垂着头站在教室门口，甚至怕进这个陌生的教室。因为你是个转校生，来自偏远的农村，一张口就是浓重的乡音。

一个月下来，你依然无法融入班级。我几次想借上课提问，让你放开胆子在同学面前说说自己，你总是声音细得如蚊子叫。你在同学们心目中，已有了一个“胆小、没本事”的印象。

但今天打扫卫生时，你却事事冲在前头，尤其是擦玻璃窗，你爬得最高，把积了多时的灰尘擦得一干二净。①

“哇，还是小蔡棒！”同学们都向你竖起了大拇指，我也借机把你又一次推到讲台前，让你好好说说自己。②

你略带羞涩地轻声说：“这有什么，在家爬树掏鸟窝，比这爬得高多了。”

同学们兴趣来了，怂恿你说说如何爬树掏鸟窝的。你像变了个人似的，如数家珍地说开了。不仅说爬树，还说从十几米高的大桥上来个“扎猛子”，还说夏天深夜怎么抓黄鼠狼……

在同学们的心中，你突然成了英雄，你那浓浓的乡音，也仿佛变得那么亲切，甚至洋溢着一股麦香味。

与城里的孩子比起来，你也许有这样那样的不足。你可能不善言辞，但你能苦干实干；你可能见识不广，但你对事物的体验却很深入。这些都是你的长处。所以，不必自卑，不必退缩，你也应该挺直腰杆。今天，是同学们为你竖起了大拇指，其实，老师更希望看到的是，你为自己竖起大拇指。

为自己竖起大拇指，就是自信的表现，也是一个人成熟的标志。这不是骄傲狂妄，也不是浮躁虚夸。一个人不可能十全十美，也很难处处胜人，但他总有胜人之处。也许，你今天在某一点上不如别人，但不等于你明天后天也这样。这就是古人说的“士别三日，当刮目相看”的意思。

大胆地说说你自己，说说你的长处，哪怕只有一点两点，只要是你自己的，就是你的骄傲！

说一段话，就如写一篇文章，要有主题，线索也要清楚，用词则尽量平实。你可以先打个腹稿，想想准备说些什么、先说什么、后说什么。给你几分钟准备，如何？

交流平台

① 好细心的老师！

② 好机敏的老师！

学生习作

说说我自己

我从偏僻的农村来到大城市。这里的一切都使我兴奋，又使我惊恐。我就如一只原先生活在草丛里的小兔，被突然放在车水马龙的街口。①

更使我紧张的，是我一口浓重的乡音。我只要一开口，同学们都用奇怪的目光看着我，仿佛我是天外来客。于是，我更不敢开口说话了。

而且，我也没有多少话题可以与同学们交谈。他们不是谈电脑，就是谈那些歌星，我根本插不上嘴。而我熟悉的砍柴、爬树、捉泥鳅……同学们从来不谈，实际上他们也从未听过。

老师发现了我的自卑，他总是找机会让我当众发言，可不知为什么，一开口我就紧张，有时连声音也会颤抖。同学们见我这副吃力的样子，有偷笑的，有满脸同情的。我见了，更不是滋味。②

但今天，我竟然说了这么多。说到了在家乡爬树掏鸟窝，往水里“扎猛子”……看着同学们听得津津有味的样子，我心中充满了从未有过的自信。

谁说我不善说话？我不仅能说，而且说得很好！有了这自信，我再也不紧张、不自卑了。

这以后，我将不时向你们“说说自己”，充满自信，充满喜悦……

交流平台

① 一个生动比喻，先声夺人。

② 全是大白话。

说说自己，就得勇敢地敞开心扉。小作者说自己刚从乡下来到大城市，紧张、惊恐，甚至自卑，他并不企图掩饰什么。“我就如一只原先生活在草丛里的小兔，被突然放在车水马龙的街口。”“一开口我就紧张，有时连声音也会颤抖。”这样地“说自己”，无疑是真实的，所以也是感人的。

“说说自己”的目的不仅是为了介绍自己，更是为了增加自信心。文中写到老师的鼓励，这固然重要，而自己的所长，也是关键。掏鸟窝、“扎猛子”这些在农村孩子眼中平常得不能再平常了，但在城里的孩子眼里你简直成了英雄。当他们向你竖起大拇指时，你的自信自然就回来了。

抓住了这两点，“说说你自己”才不会显得矫情。

请你评点

大白话式的文章你喜欢吗？

佳作借鉴

自画像（有删节）

［法］蒙　田

本人身材矮小粗壮，面部丰满而不臃肿。性情嘛，半开朗半忧郁，合乎多血质与激动之间。

双腿、前胸，满布浓毛。身子结实，体魄强壮，虽则年事相当，但极少受疾病之苦。也许这是我暂时的情况，因为我正步入衰老之年，四十大寿早已过去了……①

今后的我，将不是完全的人，再不复是原来的我。我一天天消逝，已再不属于自己。

我的身体状况与精神状态，二者十分相称。我并不活跃好动，但精力充沛、持久。我能吃苦耐劳，但只有我主动去接受劳苦生涯的时候是如此，只有我乐于去这样做的时候是如此。

否则，倘若我不能被某种乐趣所吸引，倘若不是纯粹出于我个人的意愿，而是受别的什么支配，我就会一事无成。因为我是这样的人：除了健康和生命能令我担忧之外，我是什么都不想去操心的，而且我也不愿意以身心之苦去换取任何东西。

因为我性爱悠闲，而且十分喜欢无拘无束，我是有心要这样做的。②

交流平台

① 也属大白话。

② 一句极富哲理的话，是全文的灵魂。

蒙田是法国文艺复兴时期的思想家和散文家。就是这位享誉世界的大文豪，说起自己来也不掩饰自己的缺陷，当然，也毫不掩饰自己的长处。

作家抓住的不是自己的“形”，而是“魂”，即“不愿意以身心之苦去换取任何东西”。文章着力表现的是他无拘无束的个性，而这正是作家最大的长处，也是作家在为自己“竖起大拇指”。

请你尝试

1. 进入初中，进入一个新的集体，彼此都不熟悉。那么，就在作文课上，以《说说你自己》为题，用十分钟时间向同学们介绍一下自己。

提示：切忌笼统，如热爱学习、热心助人之类，一定要几句话就写出你的特点，并给同学们留下深刻的印象。

2. “自嘲是居高临下地看待自己的弱点，从而加以宽容。”一位哲人如此说过。请你以自嘲的口吻说说自己。注意文字的幽默，这是文章取胜的关键。

3. 以你的名字为线索，说说你自己。要把你的个性巧妙地与你的名字联系起来。当然，这只是一种游戏文章，不必当真。

如你的名字中有个“真”字，不妨与真情、坦率的个性相联系；如你的名字中有个“愚”字，则不妨反其意而用之，可与“大智若愚”相联系。

4. 从说说你自己，扩展到说说班级、说说学校。要充满自信地为自己竖起大拇指。

第四课　其实我很另类

伟岸者有其抱负，寻常人有其志向，这个世界所以美丽，就是每个人有各自不同的追求目标。

——佚名

写作跳板

跟老师顶嘴后，你一直不安着，一副思想者的样子，两眼注视着窗外。突然，一个念头使你吓了一跳。老师同学家长亲朋好友都说，你是一个听话的好孩子，怎么现在一下子变得桀骜不驯了？你对自己有点不解，你反复问自己："难道我也很'另类'吗?"你很怕老师、家长这样看你，就像看班里的那几位同学一样。但你心有不甘，你不愿意向老师认错，因为你没有错。不，绝不认错。宁可让别人把自己看成"另类"，你也不会认错。如果别人把自己不肯放弃正确观点看做"另类"，那就让他们这样认为吧。①

于是，你拿起笔在日记本上写下了《其实我很另类》这篇文章。在你的眼里，"另类"是个性的展示，是精神的体现。李白高唱"仰天大笑出门去，我辈岂是蓬蒿人"，苏格拉底以死来证明雅典民主的虚伪……他们都是"另类"，只不过他们是令人仰慕的"伟岸者"。事实上，那些能坚持独立思考、善于独立思考，在学习、生活中表现出自己个性的同学，也是"另类"的。

现在，你决定与老师和同学做一次大胆而深刻的交流。当然，这样的交流并不轻松，因为你要说服的是大多数，你面对的是众人已形成的共识，这就需要一定的技巧。你应当先向对方展示你的善意，而不是与他们为敌，你应向他人说明自己追求的只是喜欢的生活方式。其次是要袒露你的诚意，不虚伪不做作不卖弄，向别人展示一个真实的自己。②

交流平台

① 要容忍"另类"，甚至鼓励"另类"。

② 其他类型的文章也应如此。

学生习作

其实我不算"酷"

我小时候的志向说远大一点都不过分。什么钢琴家、舞蹈家、画家……我基本都为之奋斗过。小学四年级时我的理想已达巅峰——想当联合国秘书长！

我从小学四年级开始一路奥校学下来，主要精力都投在数理化上了。由于先天条件不足，我想在今年悉尼奥运会上为国争光的计划在十年前落空。但在五年前，我确实是准备在奥林匹克数学竞赛中为国添彩的。不过祖国实在太伟大了，各方面的人才也太多了，我还是把机会让给大家吧。反正实力在这儿摆着呢，拿不了奖也就无所谓了……①

我从小学五年级开始在报刊上发表小东西。我很懒，这一点已经体现在我的写作中。原来用笔写，即使构思得很好的文章，写到一半我就懒得再按原来的构思写下去了，因为我已经觉得手酸了。于是我的文章几乎是清一色的虎头蛇尾。现在连笔都省了。我不怎么写小说，最主要的原因就是我懒得编故事。于是我就写散文。

从小我就喜欢看书，小时候看的层次也高，全是古今中外文学名著。现在越来越没出息了，净看些连主流都算不上的东西。从初中开始，《找不着北》《来来往往》《晃晃悠悠》《我爱比尔》《第一次的亲密接触》《活着》……杂七杂八，什么都看。朋友问我，你这都什么时候看的呀？上课呀！这还用问?！30 万字以内的一本，一天搞定。②

我喜欢下棋，什么棋都会下，但不习惯对弈，最适合教幼儿园小孩走子儿。

我不喜欢那种好多人玩一个球的活动。平均一个人至少要占有四分之一个球，我才玩。像羽毛球、乒乓球什么的。

有的人觉得我挺有个性的，可我觉得大家都差不多。

其实我不算"酷"。我在规定穿校服的日子里从来都规规矩矩地穿校服。我的独特发型曾经多次引起学生处主任乃至校长注意，但现在我已经改了。

其实我不算"酷"。我到现在还没有手机。我每天上学都像大家一样带着小"水壶"，里面装着妈妈给我冲的果珍。

其实我不算"酷"。最热门的音乐都不听，因为实在听不懂。我现在喜欢"超级男孩"和"野人花园"。

其实我不算"酷"。我的滑板车是朋友送的，到目前为止我还没滑过它上学。我的随身听是个二手货，300 块钱，这倒是我很引以为豪的。

其实我不算"酷"。14 岁了，居然还没有正儿八经地早恋过，都不好意思跟别人说。

其实我不算"酷"。我觉得自己挺保守的，也不前卫，还总喜欢回忆。③

交流平台

① 调侃味道很浓。

② 上课看课外书？真够“另类”的！

③ 一连串的“其实我不算酷”，就是一种文势。

作者的个性尽在文字中体现，不要看具体内容，只需听听那种语气，就能感到敢想敢做敢冲、无所顾忌的那种劲。

用文章展示作者的个性，就要有有个性的文字。“作者的个性”与“个性的文字”相融相生，这样的文章一定有味道。

请你评点

你认为这篇文章写出真诚了吗？

佳作借鉴

描写自己

纪　德

我任凭你们以为和这肖像（瓦乐敦的）相像。那么，我在街上，可以不给你们认识了。况且我不很在巴黎。我倒喜欢在棕榈树下。橄榄树下和稻子豆下，我也幸福的。柏树下面，不大幸福。枞树下面，就全不幸福了。我大概喜欢热天。①

每半年，我刮了胡子，回到大街的麦罗尼采。约一个月，即使并无别人，我也快活。但是，没有比孤独更好的了。我最不愿意拿出去的是“我的意见”。一发议论，我在得胜之前，就完全不行。我有一个倾听别人的话的缺点……但我独自对着白纸的时候，就拿回了自己。所以我所挑选的，是与其言语，不如文章；与其新闻杂志，不如单行本；与其投时好的东西，不如艺术作品。我的时常逃到毕斯库拉和罗马，也是与其说是要赴意大利和非洲去，倒是因为不愿留在巴黎。其实，我是厌恶出外的，最爱的是做事，最憎厌的是娱乐。

虽然这么说，我却并非憎恶人类的人，在以友谊为荣耀……但这是并不相同的。②

交流平台

① 写自己从这个角度入手，真够“另类”的。

② 言简意赅。

全文虽只有短短的三百多字，一个另类形象却跃然纸上。

纪德深受象征主义和尼采哲学的影响，他的文章也就如他的性格一样与众不同：抛开“自画像”的写作套路，另辟蹊径，用议论性的短句揭示自己的精神，流动着思辨和哲学气息。这样也就使文章在同类文章中别具一格。这也是文章出彩的一个重要方法。

请你尝试

1. 我不是一个安分守己的人
2. 我另类，所以他们远离我

提示：能否通过观念、认识上的距离写出“远离”？

3. 我听另类音乐的感受
4. 请收集一些古今中外另类人物的事迹，写一个另类人物的故事。

第三单元

你待我很宽很厚

人是一种社会的动物。没有人能离开社会、离开别人而生存。可是过去，你很少想到这一点。孩提时你只是一味地索取，“我要什么”“我想什么”，得不到就哭，要不到就闹。不过，这本来没有什么可指责的，因为孩子在本质上还没有脱离动物。动物只有“我”而没有“他”。可现在不同了，你长大了。“你待我很宽很厚”，当你能领会这句话时，已标志着一个了不起的转折，甚至可以这样自豪地说，它已是你人生道路上一座重要的里程碑。

从今天起，你应该更多地想一想，别人为你做了些什么？你应该记住这些，记住别人的关怀，感谢生活的赐予。是的，你应该学会感激。不懂感激的人是无情的人。

想想吧，想想你身边的人——父母、爷爷奶奶、外公外婆、兄弟姐妹、老师、同学、朋友、邻居，甚至陌生人，他们曾经对你都是那样宽厚。想到此，你的心头是否涌动着感激与歉意？

你的眼泪差不多流出来了。那就让它挥洒吧。带泪的文字更动人啊。

本单元，我们从自然界、从自我世界走向社会，写写你身边的人。告别时的叮咛，相处时的摩擦，妈妈的关注，朋友的理解……这些都是你提笔描写的对象。

第一课　挥手自兹去

告别是人生的盛筵。

——编者

写作跳板

古人云：黯然销魂者，唯别而已。这是古人的理解。我把告别比作人生的盛筵，不知你如何理解？①

人生有许多盛筵：你的诞生，是你人生的第一道盛筵；你欢跳着或哭闹着进入幼儿园，是你人生的又一道盛筵；之后，你进入小学，进入中学；此后，你经历了一次又一次成功与失败，经历了一次又一次感情的激荡……这些是否都可视为人生的盛筵？

在这诸多的盛筵中，告别，我以为是很重要的盛筵。

可以是与他人即亲人、朋友、老师的告别。这种告别有着令人魂牵梦萦的情愫，它是人生最重要的部分之一。正是有了这无数次的告别盛筵，我们的人生才变得日益生动起来。

可以是与自我告别，或者说是与昨天告别。这种告别是对自我的不断否定，是自我不断进取的内驱力。正是有了这种告别，我们的人生才不断强大起来。

想一想，你的人生之路是不是有过无数次的告别？这些告别对你的成长起到了怎样的作用？选取一次你认为最有意味的告别，把它记录下来，这将是你人生征途的一个重要里程碑。

写与他人告别，往往重在场景描写、情绪渲染；写与自己告别，要注重整理自己的昨天。为什么要与昨天告别？如何与昨天告别？恐怕最重要的是要有一种内省的精神。审视昨天，解剖自我，把真实的自己亮出来，可能是文章最感人之处。因此，这种告别就有了一种忏悔意识。

提到忏悔意识，可能你还很陌生，或者是第一次接触。它是指人认识了自己的过错或罪过后感到痛心的一种自觉心理。这种心理是一个健康人所必须具备的，它能使一个人不断向着更高尚的境界前行。当你在与自己告别时，倘若能用这种心理对待自己的昨天，那你的文章肯定会写得让人感动。②

交流平台

① 教师与学生进行情感的交流要比教学生知识、技巧更难。

② 经常给学生这类哲理性的思考，是打开学生思维大门的钥匙。

学生习作

告 别

随着岁月不断逝去，我却越来越怀念那片生我养我的土地——苏州。往事历历在目，告别苏州、告别亲人，告别我在家时的情景依然清晰。儿时的岁月，今日又拾起，带着眷眷的思念。

那夜，告别了。明亮的月儿望着一家人。

那天晚上，月很明亮但星星却少。月光圣洁地给苏州的老式房铺上了一层淡雅的银光，柔柔的。①

“咯吱”一声，外婆搬着竹椅推开了那老式木门，去院里纳凉。我扯着外婆的衣角，也跟着跨过了那不知绊了我多少次的门槛。

院里，静悄悄，只有夏虫“啾啾”的鸣叫声与那笼母鸡梦呓般的“咯咯”声。

外婆坐下，我缠着外婆要听故事。外婆不说话，静静地望着我，一手为我扇扇子，一手从兜里摸出一朵白兰花，挂在我的扣子上。

很静。②

“咯吱”一声，快散架的木门又被推开，外公叼着一支烟出来：“阿要听故事了？”(苏州土话)打破了寂静。“要！”我欢笑着跑过去，外公一把抱起我，用他那满脸的胡子扎我的小脸蛋，痛得我“哇哇”乱叫，把一旁的外婆逗得直笑，赛过了母鸡的“咯咯”。

又是“咯吱”，飘来一阵清香，我侧脸，原来是妈妈端着香气四溢的碧螺春款款走来。

妈妈把碧螺春递给了外公外婆。我嘴馋，也想要。妈妈变戏法似的变出一袋糕来，我迫不及待地打开，方糕、绿豆糕、甜糕，应有尽有。

“乃(你们)就要去上海了，到了上海一定要写信。”外婆的声音有点呜咽。

“一定会的，以后我们还会回来住的，一定会的……”那是妈妈的声音，但是后面的话被香气所吞没。

白兰花的清香伴随着碧螺春的香，袅绕在周围。

很静，③只有外婆的啜泣。

我跑过去，依附着外婆，轻轻拭去外婆的泪。而我却发现我自己脸上也有泪。

妈妈转过身，借口出去买“鸡头米”，推开了木门。但我深知妈妈也哭了。

第二天天未亮，妈妈带我走了。火车载着我离开了那片魂牵梦绕的土地，离开了老式的住宅，离开了那满屋满院落的淳朴。火车的“嗡——嗡——”声，隔开了那土地上糯糯的乡音。

那夜，便是我最后一次见外公外婆。

那夜的离别深深铭记我心。

交流平台

① 诗一般的语言。

② “很静”二字单独成句，很跳。

③ 又是“很静”，照应前文。

习作不仅展现了告别的场景，还营造了优美的意境。阅读时注意作者写作中的几个细节：一是反复出现的“咯吱”声，既展现了离别的特殊场景，又为亲人的即将离别渲染情绪，令人刻骨铭心；二是白兰花与碧螺春，一直在读者的心头飘香；三是含而不露的泪水，让读者的心头有一种酸疼的感觉。“情”通过“境”来表现，是值得学习的一种写作方法。

请你评点

说说文章诗的语言或诗的意境。

佳作借鉴

多余的话（有删节）

瞿秋白

一出滑稽剧就此闭幕了！[①]

我家乡有句俗话，叫做“捉住了老鸦在树上做窠”，这窠是始终做不成的。一个平凡甚至无聊的“文人”，却要他担负几年的“政治领袖”的职务，这虽然可笑，却是事实。

唉！历史的误会叫我这“文人”勉强在革命的政治舞台上混了好些年，我的脱离队伍，不简单的因为我要结束我的革命，结束这一出滑稽剧，也不简单的因为我的痼疾和衰惫，而是因为我始终不能够克服自己的绅士意识，我终究不能成为无产阶级的战士。

我留下这几页给你们——我的最后的最坦白的老实话。永别了！判断一切的，当然是你们，而不是我，我只要休息。

一生没有什么朋友，亲爱的人是很少的几个。而且除开我的之华以外，我对你们也始终不是完全坦白的。就是对于之华，我也只露一点口风。我始终戴着假面具。我早已说过：揭穿假面具是最痛快的事情，不但对于动手去揭穿别人的痛快，就是对于被揭穿的也很痛快，尤其是自己能够揭穿。现在我丢掉了最后一层面具，你们应当祝贺我！我去休息了，永久去休息了，你们便应当祝贺我！[②]

我时常说，感觉到十年二十年没有睡觉似的疲劳，现在可以得到永久的“伟大的”可爱的睡眠了。

我留恋什么？我最亲爱的人，我曾经依傍着她度过了这十年的生命。是的，我不能没有依傍。不但在政治上生活里，我其实从没有做过一切斗争的先锋，每次总要先找着某种依傍。不但如此，就是在私生活里，我也没有生存竞争的勇气，我不会组织自己的生活，我不会做极简单极平常的琐事，我一直是依傍着我的亲人，我唯一的亲人。我如何不留恋？我只觉得十分难受，因为我对不起我这个亲人，尤其是我的精神上的懦怯，使我对于她也终究没有彻底的坦白，但愿她从此厌恶我，忘记我，使我心安吧。

我还留恋什么？这美丽世界的欣欣向荣的儿童，“我的”女儿，以及一切幸福的孩子们，我替他们祝福。

这世界对于我仍然是非常美丽。一切新的，斗争的，勇敢的都在前进。那么好的花朵，果子，那么清秀的山和水，那么雄伟的工厂和烟囱，月亮的光似乎也比从前更光明了。

但是，永别了，美丽的世界！

一生的精力已经用尽，剩下的是一个躯壳。

总之，滑稽剧始终是闭幕了。舞台上空空洞洞的，有什么留恋也枉然的了，好在得到的是“伟大的”休息，至于躯壳，也许不能由我自己做主了。

告别了，这世界的一切。

最后……

俄国高尔基的《四十年》《克里摩·萨摩京的生活》，屠格涅夫的《鲁定》，托尔斯泰的《安娜·卡列尼娜》，中国鲁迅的《阿Q正传》，茅盾的《动摇》，曹雪芹的《红楼梦》，都很可以再读一读。

中国的豆腐也是很好吃的东西，世界第一。③

永别了！

交流平台

① 以一句很平实的话引人。

② 非常真诚的袒露。

③ 为什么突然跳到“豆腐”？想一想。

鲁迅先生从不轻易把别人引为知己，更不当面表达对某人的盛情。但有一个例外，那就是瞿秋白。他在与秋白相处了一段日子后，送了一副对联给秋白，曰：“人生得一知己足矣，斯世当以同怀视之。”从中可以看出鲁迅对瞿秋白的敬慕与深情。

瞿秋白是中国共产党早期最高领导人，《多余的话》是他临终前的自白，是一篇极坦白极真诚的“忏悔录”。他留给后人太多太多的问号，太深太深的思考！

请你尝试

1. 告别

提示：你可写与他人的告别，也可写与自我的告别。写与自我告别除了审视昨天，当然也可以是对昨天成绩的总结，告别成绩，以激励、警示自己在明天做得更好。

2. 十三岁检讨

提示：你可能还没有写过“检讨”之类的文字，今天可否尝试一下？但不要以为写“检讨”就是指自己犯了什么过错，它在很多情况下是对自己前一段时间的所作所为的反省，把它看做“内省”文字更加恰当。请你说真话、吐真情。

3. 忘不了这些那些

提示：说是告别，其实总会有很多很多的东西难以告别。许多美好、许多真爱，会永远埋藏在心中。积得久了，就像那陈年的老酒，时间越长就越香。你有这样的“老酒”吗？可否与大家分享它的醇香？

4. 另一种声音

第二课　学会感动

常常被感动的人也会感动别人。

——编者

写作跳板

你常常被感动吗？

有人说，常常被感动的人是心灵美丽、富有爱心的人。因为心灵美丽，就会为一切美丽所感动；因为富有爱心，就会为一切爱心所感动。

是什么感动了你？

是美丽？那是一种什么样的美丽？

是爱心？那是一颗什么样的爱心？

在很多情况下，感动你的其实是美丽与爱心的高度融合。

想一想，长这么大，最让你感动的是什么？最让你感动的人是谁？你最让人感动的是哪一次？最被你感动的人是谁？这些人和事，是不是美丽与爱心的高度融合？你能用文字把这种高度融合传达出来吗？

传达出来有一些困难，对吗？我们不妨一起来思考一下。①

首先，要提炼出两至三件感动别人和被别人感动的事。事情不一定很大，即使再平凡再小，哪怕是一个安慰的眼神，都可以进入你的文章。当然，要使文章内容丰富，你就要多考虑几个角度。比如可以选取不同的人物，亲人、朋友、老师，甚至陌生人，即使写同一人物，也可以选取生活、学习等不同的场景。

其次，要注重事件的细节。细节重现是记叙文章打动人的最有效的手段之一。为什么？因为生活中感动人的往往就是那些细节。怎样表现它？比如“一个安慰的眼神”，它尽管只是一秒钟内发生的事，但你要用一分钟甚至十分钟去展示它，就如电视中的慢镜头，这样就能使所要刻画的细节得以更清晰地展现，自然也就有了更动人的力量。

再次，要注重情感的传递。写感动与被感动，就是写情感的传递，所以要有情感的互动。写双方的相互认识、理解当然可以，但也可以有别种写法。比如你写一个人总是默默关注你，你很长时间并没体会到、感觉到，但当某一天你突然明白后，你却再也见不到这个人，他或者搬了家，或者转学了，或者……你只能把这一份感情埋藏在心中，自个儿经常品味，总想向人倾吐。那么，今天就把它写下来吧。

交流平台

① 情感是很难把握的，更需要一定的技巧。

学生习作

因为有爱，所以美丽

有时候，很不以父爱为然，也许是因为它太平凡、太不引人注目了，虽然它无时不在，无处不在。

很羡慕《美丽人生》中的那个小孩，有一个肯为他付出一切、甚至生命的父亲，竭力为他营造一个美丽人生的开端，把可能最悲惨的生活改编成了最有趣、最刺激的游戏。我想，当那个孩子过着用父亲生命换来的“美丽人生”时，也许不会想到父亲为此付出多大的代价——因为他还小；当那个父亲决定不惜生命为孩子创造“美丽人生”时，也许根本不会去想孩子能否理解这一切、能否真心地感谢他——因为他是父亲。父爱也许不是仅限于付出，但事实上，父亲也许只懂得行动。①

父亲总让人感觉有一点粗糙，②不如母亲细致，脾气又大大咧咧。似乎很少有细心的父亲，他们大都不会把“宝贝，我爱你”诸如此类的话挂在嘴边，所以很容易被忽视……

我的父亲过世得早。在我的印象中，我的父亲总是面黄肌瘦的样子，但每回看到我，眼睛都炯炯有神的，总让我有一种不敢犯错的感觉。其实父亲温柔起来也很讨人喜欢的——微笑的脸上似乎总有一些孩子般的狡黠。他格外像朋友，但教训起人来，总是一套一套的。渐渐地，我也不会老是没规没矩地疯了。不久，父亲住院了，他却总是往家里“逃”，我也总有趣地看着妈妈拿他没辙的那副无奈表情。

每次父亲“胜利大逃亡”后，总往家里买一大堆的水果，因为他知道妈妈要准备搬家有许多事情，是不会特意去买的。对此，我们也渐渐习以为常了，只是那次——

大热天的，父亲又偷溜出来了。看到他抱个西瓜，走上台阶的样子都那么艰辛，我心里说不出是什么滋味，而妈妈也一改无可奈何的神情，严肃了起来……③

父亲看上去越来越憔悴，但回家的次数却越来越频繁，直到再也逃不回来——他被送进了加护病房。

终于，父亲在看到我们的新居前过世了，只是临终前把我进小学所学的第一首歌、仅学的一首歌，听了几百遍……

妈妈说父亲过世时已经很满足了，虽然还是有点遗憾——家是他一手设计的，样子完全按照他的想象，还留了大书桌给他用，也给我用。其实，父亲小时候就有肝病，但若不是屡次地逃回家，也不会这样。奶奶说，父亲总放不下将要上学的我和将要搬的家，如果他少爱我一点，也许寿命就会长一点。我有一阵莫名的内疚。妈妈说，如果我快乐，那么他的牺牲就有价值……

看完了《美丽人生》，我终于又找到了那份失落已久的感动和冲动——为了父亲平凡而永恒的爱，去创造更加美丽的人生！④

交流平台

① 第二自然段完全可删去，删去后读读看，是不是更紧凑、更简洁、更传神。

② "粗糙"一词很形象，以有形写无形。

③ 这令人想到了朱自清的《背影》。

④ 最后一段是说教，可删去。

文章写了父亲住院后的几件事——狡黠的笑、"逃"、买西瓜、"越来越憔悴，但回家次数却越来越频繁，直到再也逃不回来"……这里有父亲的性格，有父亲的爱，有父亲的寄托。作者把它提炼出来，并将一些细节重现，于是就有了情感的传递。"我"、父亲、妈妈，还包括奶奶，都在"爱"的氛围之中，便有了作者回忆中的感动。

你能从这前后的变化中写出爱的升华吗？

请你评点

分析文中几个细节。

佳作借鉴

祖父（有删节）

萧　红

祖父的眼睛是笑盈盈的，祖父的笑，常常笑得和孩子似的。①

祖父是个长得很高的人，身体很健康，手里喜欢拿着个手杖。嘴上则不住地抽着旱烟管，遇到了小孩子，每每喜欢开个玩笑，说：

"你看天空飞个家雀。"

趁那孩子往天空一看，就伸出手去把那孩子的帽给取下来了，有的时候放在长衫的下边，有的时候放在袖口里头。他说：

"家雀叼走了你的帽啦。"

孩子们都知道了祖父的这一手，并不以为奇，就抱住他的大腿，向他要帽子，摸着他的袖管，扯着他的衣襟，一直到找出帽子来为止。

祖父常常这样做，也总是把帽放在同一的地方，总是放在袖口和衣襟下。那些搜索他的孩子没有一次不是在他衣襟下把帽子拿出来的，好像他和孩子们约定了似的，"我就放在这里，你来找吧！”

这样的不知做过了多少次，就像老太太永久讲着“上山打老虎”这一个故事给孩子们听似的，哪怕是已经听过了五百遍，也还是在那里回回拍手，回回叫好。②

后园中有一棵玫瑰，一到五月就开花的，一直开到六月。花朵和酱油碟那么大。开得很茂盛，满树都是，因为花香，招来了很多的蜂子，嗡嗡地在玫瑰树那儿闹着。

别的一切都玩厌了的时候，我就想起来去摘玫瑰花，摘了一大堆把草帽脱下来用帽兜子盛着。忽然异想天开，这花若给祖父戴起来该多好看。

祖父蹲在地上拔草，我就给他戴花。祖父只知道我是在捉弄他的帽子，而不知道我到底是干什么。我把他的草帽给他插了一圈的花，红彤彤的二三十朵。我一边插着一边笑，当我听到祖父说：

“今年春天雨水大，咱们这棵玫瑰开得这么香，二里路也怕闻得到的。”

就把我笑得哆嗦起来。我几乎没有支持的能力再插上去。等我插完了，祖父还是安然的不晓得。他还照样地拔着垄上的草。我跑得很远地站着，我不敢往祖父那边看，一看就想笑。所以我借机进屋去找一点吃的来，还没有等我回到园中，祖父也进屋来了。③

那满头红彤彤的花朵，一进来祖母就看见了。她看见什么也没说，就大笑了起来。父亲母亲也笑了起来，而以我笑得最厉害，我在炕上打着滚笑。

祖父把帽子放下，他笑了十多分钟还停不住，过一会儿一想起来，又笑了。④

就这样一天一天的，祖父，后园，我，这三样是一样也不可缺少的了。⑤

交流平台

① 开篇就把祖父的特点写出，看似不奇，却笼盖全文。

② 藏帽子这一情节，居然写了这么多字，可为什么读者不感到啰唆，反觉得“祖父”的可爱？因为能反复这样做的人，是个童心未泯的人。

③ 有这样的祖父，才会有这样的孙女。

④ 老顽童的形象写活了，祖孙俩的亲情写活了。

⑤ 平淡的语言，却留给我们不平淡的思索。

注意作家展示细节的能力。祖父藏帽子的“伎俩”，孩子们找帽子的“顽皮”，“我”给祖父戴花时的“笑”与戴花后的“躲”，还有祖母、父母一起的“笑”，这些细节的展示也很好地传递了情感。

看来，把片段串起来写和写细节是表现人物的好方法。

请你尝试

1. 因为有爱，所以美丽

提示：无论你写什么，哪怕写最最不起眼的琐事，因为它们都深藏着一个“爱”字，所以总会呈现出一种美丽来。这里的关键是要有“爱”的感动，因此就要从生活的细节中提炼。

2. 为你唱首歌

提示：这个“歌”字可以理解为已经唱过的歌，也可理解为你现在准备写的文章。

3. 学会感谢

提示：忌套话、大话，要把自己的感激放入最真的生活体验之中。

4. 幸福有多少种感觉

第三课　和你在一起的日子

生活得最有意义的人，并不就是年岁活得最大的人，而是对生活最有感受的人。

——卢梭

写作跳板

卢梭提出的生活观，你同意吗？

卢梭其实就是一个"对生活最有感受的人"。他 14 岁时外出谋生，先后当过店铺学徒、贵族家庭仆役、音乐教师和乐谱抄写员。他长期在瑞士和法国辗转流浪，过着贫穷的生活。但卢梭用笔提炼出自己最强的生活感受，尤其是《忏悔录》，真实地记录了他的人生历程，写得非常真诚坦率。①

一般人当然很难做到卢梭所做的，但他从生活本身出发，注重生活感受，从生活历练中提升自己的感知能力，使自己不断丰富、不断获得新的启示的生活态度，是每个人都可以仿效的。特别是他注重与人相处时的感受，注重人与人的平等相处、自由相处，更应成为人们的一种追求。

生活中，你同哪一个人相处时感受最多？你从他那里获得了哪些生活启示？也可想一想，生活中哪一些(件)事带给了你最多或者是最深的感受？找到了这样的人或事，你就可能发而为文了。

写人离不开事。某个人给你感受最深，你肯定是通过他所做的与你相关的事而获得这样的感受的。因此，就要把这件事写清楚，必要的地方还要详写。写事有时也离不开人。某件事给你留下最深的印象，往往也跟特定的人有关。

那么，"和你在一起的日子"这个题目，是写人为主，还是写事为主？

以事来写人，落脚点还是人。不局限于事，也不局限于人，而是通过人与事的交融来写自己的一段生活感受、一种生活感悟与发现。②

交流平台

① 引入伟人的事例，让学生从小接触崇高的灵魂。

② 写事的最终目的是表现人。任何文章的最终目的都是为了"人"。

学生习作

记一次与人争执的经历

在我生活的地方，地小人多，人与人之间易生摩擦，每天听到很多因争执而发生流血的新闻，什么家庭纠纷、感情纠纷、金钱纠纷，每天皆是，实在多得惊人。

我为人性格随和，喜欢和平，讨厌与人争执，这可能是我唯一的优点。当我看见别人争执时，我心里只是苦笑，笑他们在折磨自己。有时，身边的亲人或朋友与人发生争执时，我都会在中间劝阻。有时，我会问自己，人人和平共处不是很好吗？为什么老是要争执呢？我实在不明白。①

有一次，我第一次与人发生这么大的争执。

那次，我有点不愿意地借了一个可以玩游戏的锁匙扣给一位朋友（我一向不喜欢这位朋友，因为她为人自满、自私），她答应圣诞假后还给我。

假期后，我开心地向她讨回锁匙扣，但她却说已送给了朋友。我听到后，不知为何心里猛然发怒，不由自主地大声喝骂她；我见她越怕，就越大声喝骂她。骂她时，我心里除了怒火外，更有些快乐、舒畅的感受，当时我也感到奇怪。

骂过后，周围一片寂静，我好像听到小鸟的叫声和花草树木被风吹动而发出的声音。她忍着泪水向我说了句“对不起”，便回头走了；②而我，则像木头一样，呆站在原地。那时，我有点后悔，又有点奇怪。我奇怪自己竟然会发这样大的脾气，我从未如此。

第二天，那位朋友找我，她给了我100元，叫我再买另一个锁匙扣，说是还给我的。我当时笑着拒绝了她，说那锁匙扣不值钱，不需要还给我，我也不再怒了。

这次经历真是令我难忘，我终于知道人与人之间为什么会产生摩擦，我更知道有些人为何喜欢与人争执，但最终，我们都是比较喜欢和平带来的快乐。③

交流平台

① 议论多了点。
② 这是一种多少有点可怕的寂静！
③ 和平真好。

习作记一件“我”与朋友发生争执（其实是“我”“喝骂”朋友）的事，前因后果写得很清楚，“喝骂”的过程更具体。更可贵的是，通过对这件事的叙写，写出了“我”的生活感受。

从写法上看，文章前面的小小铺垫很有作用。如果没有原本就讨厌那位朋友的铺垫，后面忽然发怒就显得不真实了。

请你评点

你认为这篇习作的标题是否恰当？你能否为习作拟一个更漂亮的标题？

佳作借鉴

与契诃夫相处的最后一年（有删节）

斯坦尼斯拉夫斯基

1911年秋，契诃夫身患重病，来到了莫斯科。虽然他的病很重，但他几乎出席了他的新戏的每一场排演。那个戏的名字，当时他还不能决定。有一天晚上，他打电话给我，说有事要我到他那里去谈。他病着，不能出门。去拜访契诃夫是稀有的快乐。我放下一切事务，赶去看他。虽然他有病，可是他很兴高采烈。①显然的，他并不想立刻和我谈正事，却想把正事留到最后去谈，就跟儿童们喜欢把甜食留在一餐的最后一刻才吃一样。那时我们围坐在茶桌前，笑着，因为在契诃夫面前，是无法不笑的。但是茶喝完了，契诃夫引我到他的书斋里，关上了门，坐在那张长沙发上他平常坐惯的那个角落里，要我坐在他面前。但是即使到这时候，他还是不立刻谈正事，还想把正事留作最后一道水果。此刻他努力说服我，说有几个演员不合于角色，应该调换别人才行。

"但是当然啰，他们是了不起的演员。"他极力缓和他的批评。

我知道这一切只是他真正想说的话的前奏而已。契诃夫是一个戏剧家，他知道一个立即要演出的戏里的角色是没法调换的。最后我们谈到正事了。契诃夫静默了一下，在这静默中，他仿佛在咀嚼他要向我说的话。他抑制不住他的可爱的微笑，这种微笑在那一刻甚至是得意的微笑，虽然他尽力装成严肃的样子。

"听着，我为那个戏找到了个极好的名字，一个极好的名字。"他眼睛直视着我说。

"什么名字？"我兴奋地问。

"Vishneviy Sad（樱桃园），"他发出了快乐的笑声。②

我承认，我不很了解那引起他快乐的原因，因为我觉得这个名字并没有什么新奇的地方。但是我不得不表面装出他的发现使我很感兴趣的样子，同时，我想从契诃夫那儿寻求这个新剧名使他这么兴奋的原因。可是在这儿我碰上了契诃夫的一个奇怪的特点。他对于自己创作的东西，是发挥不出，也说不出所以然的，所以他用各种不同方法、各种不同语法与声调，重复地念着，向我表明Vishneviy Sad这名字的美："Vishneviy Sad。听着，这是一个极好的名字。Vishneviy Sad，Vishneviy Sad——"③

交流平台

① "病"与"兴高采烈"是一对矛盾。文中几次写到契诃夫的"兴高采烈"。

② 笑中见性格。

③ "起剧名"背后是契诃夫对事业的执着态度。

斯坦尼斯拉夫斯基是俄罗斯著名的戏剧大师，他导演过大作家契诃夫写的《海鸥》《万尼亚舅舅》等。本文通过作家与导演为一出新戏取名的生活片段，写出了契诃夫的人格魅力，也写出了“我”的生活感受，从契诃夫那里获得宝贵的生活启示。这种来自生活、发自内心的真切感受，会让人一辈子都忘不了。

请你尝试

1. 与________在一起的日子（在横线上填上人名、称呼都可以）

2. 曾在你的门口徘徊

提示：为什么“徘徊”，是这个题目的关键处。可以是敬，可以是畏，可以是悔，甚至可以是恨。把“敬”“畏”“悔”“恨”四个字中的任何一个传达出来，文章就成了。

3. 难忘的他

4. 请你不要再________（横线上填上你劝说的内容）

第四课　朋友一生一起走

人生的苦难是不能得一知己。

——罗曼·罗兰

写作跳板

“友”字的本义是表示人们之间的相互合作、相互帮助、相互关怀；而“友”的重要内核则是“平等”。①

一个人一辈子不能没有朋友，人不可能独自生活在这个世界上，他还需要许多人的帮助、关怀，需要别人和他一起分享苦难与幸福。所以，自古及今，友谊一直是人们歌咏的对象，一直是人们探讨的对象。伯牙与钟子期式的知音、廉颇与蔺相如式的生死之交，总让人羡慕不已。

你也有好朋友了，这是一件很幸福的事。学友、文友、网友、棋友、球友……你能把你的朋友介绍给大家吗？②

我想，在写你的朋友时，可以从下面几方面考虑：

可爱的朋友。这显然要围绕“可爱”二字选材，把笔墨的重点放在朋友的特点上，对其中最突出的特点要详细叙述与描写。

可信的朋友。当你遇到一个特别可信的朋友，哪怕他在其他方面有一些缺点，也是应当特别珍惜的。因此，你完全可以非常自豪地把这位朋友的特点用重彩之笔描述出来。

可气的朋友。朋友之可气，会有很多原因。把原因写清楚，让读者看看是不是真的令人生气。

可恨的朋友。朋友之可恨，他一定做了伤你心的事。把事情写出来，把你受伤的心描述出来，再现当时的情境，让读者有一种现场感，也就可以让读者与你一起分担伤心。

还有贫穷的朋友、忧伤的朋友、不幸的朋友……③

上面只是提供了几个不同的角度，你的朋友不一定能对号入座，那就找出你朋友的特点，另选一个角度来写吧。不过，无论你写什么，都要有一种平等意识。

交流平台

① 汉字充满魅力，每一个字都是一段历史。

② 这么多“友”，作文就得这么咬文嚼字。

③ 一一列举，就是在开拓学生的思维呀。

学生习作

棋友加学友

人生中，有个朋友不容易，有份真挚的友谊就更不容易了。正如大圣人孔子所云：“有朋自远方来，不亦乐乎？”①

我的朋友倒是有一群，可大多是些“玩友”，也可谓是“狐朋狗友”，玩起来不要命，学习起来却一败涂地。能称得上棋友加学友的，那就非“黑刘”莫属了。

“黑刘”是刘积波的外号。初见他时，压根没想到，他和我会成为朋友。那是开学没几天，由于所学内容少，空闲时间多，中午我便带了副象棋，邀了几个玩友，在教室里摆开了阵势。对方的棋技实在很臭，不一会儿，一个个都成了我手下败将。我不由暗自得意，眼角眉梢都是不可一世的笑。

忽然“嘿嘿”两声笑传入耳鼓②，我抬头一看，“黑刘”那黑瘦的脸上正掠过一丝不易察觉的笑容，像是对我的嘲弄。这使我的自尊心大受伤害，便故作大度地说：“来，下一盘。”他一言不发地走过来，静静地坐在我的对面，随即走了一步棋，竟改变了整个局势。“哇，好棋！”我暗暗吃惊于他的机智，并提醒自己要沉着应战。于是一场激烈的争战便开始了。我“当头炮”，他“马来跳”；我“出车”，他“飞象”。经过几番厮杀之后，不知是我黔驴技穷，还是他技高一筹，总而言之，最后我的黑军只剩下一枚“光杆老将”。我羞恼地站起来，从牙缝里挤出几个字：“我输了。可我会有对付你的办法的。”他微微一笑，露出的两排洁白的牙齿间，蹦出了一句话：“噢？还有一门马后炮。”③我被逗笑，顿时觉得那张黑瘦的脸显得生动活泼起来，蓬松的头发也乱得很有风采似的。

一次，费老师布置了几道探究性题目。我是数学课代表，吃过饭就开始了“醉里挑灯看剑”，一直到10点多钟，只差没有“头悬梁，锥刺股”了。虽然最后还是有一道题百思不得其解，有点遗憾。可我这个课代表都没做完，还有谁能做完呢？怀着这个沾沾自喜的念头，我关灯睡觉了。

第二天一大早，我便来到学校，等着别人来请教我。平日的此时，那几个玩友总是“大哥长，大哥短”地过来抄作业。果然，不一会儿，各路人马便汇集到我的帐前，争相传阅。我则在一旁坐山观虎斗④，自鸣得意。

那张黑瘦的脸又出现在人堆里，不动声色地说：“还有一题。”众目睽睽之下，我的笑脸立即由晴变阴，白一阵，红一阵的。为了维护尊严，我冷冷地说：“你做好了吗？不妨拿出来看看!”谁知他不慌不忙地从书包里拿出作业本,递给我。“哇,妙解!”真没想到,那道所谓的难题,被他分析得丝丝入扣,简直跟费老师的水平不相上下。我有些尴尬,不知所措地站在那里。“黑刘”似乎看出了我的心思,拍了拍我的肩膀说:“将军,莫非还有一门马后炮?”我会心地笑了,一股暖流涌上心头,两人的手情不自禁地紧紧握在了一起。

从此,不苟言笑的他与不拘小节的我成了棋友加学友。是棋友,我俩毫不留情地在棋盘上斗智斗勇;是学友,我俩争先恐后地在学业上你追我赶。真挚的友谊便在这互相促进中愈加深厚了。⑤

交流平台

① 第一段似多余,你看呢?

② “嘿嘿”两声,先声夺人。

③ 使用象棋术语,是一种幽默。

④ “坐山观虎斗”使用不当。

⑤ 最后一段也可删去。你看呢?

习作选取两个平常而又有趣的生活故事,将其趣味放大,显示了作者讲故事的本领:在人物出场之前先作铺垫,酝酿一种气氛,调动读者的情绪;人物出场后突出人物与众不同的情态与语言,以及由此体现出的机智与幽默。还有一点值得肯定的是,习作在写“我”与朋友交流时体现出来的平等意识。

不过仔细读一下,你还能发现,这篇习作文字上还有可推敲处,比如“坐山观虎斗”就用得不确切。作者若写完后读几遍,就会发现这些不妥的。

请你评点

看看删去开头结尾两段后的效果,体会一下文章的写法。

佳作借鉴

一个朋友的故事(有删节)

纪伯伦

日日夜夜,光阴荏苒,我无时无刻不在难过地想念着那位青年。一提起他的名字,我就不禁长吁短叹,忧心如焚,愁肠寸断。这种情形直至昨天。昨天我接到了他的一封信,他在信中写道:

“请到我这里来,我的朋友!我要向你介绍一位青年,你一定会高兴同他见面,认识他,你心里一定会喜欢……”

我喃喃地说:“真倒霉!难道他是想要让我再交一个像他那样的朋友,使这可悲的友谊成双配对?难道他独自一人还不够典型,还不足以使人知道走上歧途的种种迹象?"①入夜,我到了那里,发现那青年正独自一人在屋里读着一本诗集。我一面向他问候,一面对他竟手捧着那样一本书感到诧异。我问道:"那位新朋友在哪儿?"他说:"就是我,朋友!那就是我呀!"随后,他安安静静地坐了下来,那种文静的样子,我从未见过,他瞧着我,眼中闪露出一种奇异的光,那目光可以洞察你的胸臆,熟知你的行动。就是那两只眼睛,过去我常端详它们,那时我从中见到的只有粗暴和凶狠,如今却变得目光炯炯,让人们心里充满柔情。然后,他开口说道——那声音我还以为是出自他人:"你童年认识的那位同学,青年时代的那位朋友已经死了。他的死使我得到了新生,我是你的新朋友,让我们一起握握手。"我握住他的手,一接触,就感到那手中随着血液流动着一个温柔的灵魂。原先那只粗硬的手已经变得柔嫩,那往日像老虎爪子的手指已经柔软得可以触动你的心。②

交流平台

① 先抑。

② 所以才有"新朋友"之感。

当朋友先后以两个完全不同的形象出现在"我"面前时,"我"迷惑了。这种迷惑,一方面说明朋友前后已判若两人,一方面表现"我"对朋友的深情。文章正是通过"我"的这种迷惑来写朋友的脱胎换骨。

请你尝试

1. "狐朋狗友"

提示:可以写一个朋友,也可以写多个朋友。

2. 朋友,对不起

提示:为什么对不起是关键。要把事件写清楚,让读者能从中读出"对不起"。

3. 给朋友的一封信

4. 我不喜欢这样的朋友

第四单元

走进学人寻梦园

学人寻梦的地方是什么样的地方？

那里有浪漫的情调，有温馨的气氛，有山有水，更有浓浓的书香。

我们不妨走进去看看。

屈原的寻梦园在哪里？是楚王的后花园，更是永不停息的汨罗江。

司马迁的寻梦园在哪里？是汉武帝的上林苑，更是昏暗的修史室。

陶渊明的寻梦园在哪里？是那个“不知有汉，无论魏晋”的桃花源，更是那块“种豆南山下，草盛豆苗稀”的红土地。

李白的寻梦园在哪里？是盛唐最大的皇家园林，更是采石矶银光闪闪的水中月。

曹雪芹的寻梦园在哪里？是元春省亲大热大闹的大观园，更是黛玉殒命大悲大戚的潇湘馆。

……

当你真正走进这样的寻梦园时，你是不是对学人寻梦园的理解又丰富了几分？当你踏着学人寻梦的足迹在书海中徜徉，不断丰富自己的知识、情感、智慧时，你对世界的理解也将会有很大的变化。

本单元，我们来个“作文寻根”。作文的根有二：一是社会生活，二就是大量阅读。我们一边学一些读书的方法，一边动笔记下读书的心得。两者并用，相得益彰。

第一课　抄抄剪剪成富翁

不积跬步，无以至千里；不积小流，无以成江海。

——荀子

写作跳板

“厚积薄发”“劳于读书，逸于作文”，是人们在谈论如何写好作文时经常说的两句话。

“厚积薄发”是指有丰富的积累，文章自然厚重有分量。“劳于读书，逸于作文”是讲书读得勤奋，文章自然就写得轻松。[①]

这两句话确实道出了作文的诀窍。没有“厚积”，没有“劳于读书”，是不会有那些名著名篇问世的。我们读那些名著名篇，常常感到旨意高远，博大精深。它们是建立在作家们勤奋的积累之上的。

鲁迅写《中国小说史》，从上千卷古书中寻找资料；达尔文写《物种起源》，经过了近三十年的资料积累与分析。许多作家为了创作，每天都记大量的读书笔记和生活笔记，如巴尔扎克、果戈理等。

你肯定也想把文章写得很棒，但你有没有认真思考过读书与写作的关系，思考过做读书笔记、制作读书卡片对写作的意义？那么从今天起，你也开始在这方面努力吧。

这里介绍积累的三种最基本的方法。

一是剪贴。现在的报刊很多，许多同学养成了看报、读杂志的好习惯。但由于很少人能做到过目不忘，很多东西即使当时记下了，过阵子也会忘记，因此要把一些好的文章或文段剪录下来，粘贴在你的剪贴簿上，以备今后查用。这是一种很好的积累方法。

二是制作资料卡片。这种卡片可以是比较精细的，也可以是比较粗放的。粗放的卡片具备“出处”“作者”“主要内容”即可；精细的卡片则可在此基础上增加一些内容，比如“编号”“类别”“纲要”“分述”等。资料卡片是积累的一个重要方法，几乎没有一个学者不采用。

三是抄录、评述笔记。这种方法比上面两种具有更多的创造性。大致又可以有三种情况：简单的摘录；在简单摘录的基础上加进自己的一些见解，成为创作的半成品；对原作有比较精深的研究，将心得体会写成评述文章。严格意义上的读书笔记应当指这最后两种。

如果你能按照上面的方法认真去做，相信不要多长时间，你不仅学识渐渐丰富，写作也能渐入佳境。②

还有一种方法就是编文选。有一些书也是摘编而成的。如魏征的《群书治要》就是摘录儒家等书而成;《文选》等书就是分类选录许多作者的文章而成。但这些书并不是随便抄录,而是有自己的选录标准,成一定系统。它的成书,往往体现选录者的学识和眼光。

交流平台

① 读书是写作的又一个源头。

② 教会学生基本的读书方法,易;使学生持之以恒,难。

范例参照

(一) 资料卡片

出处:《科学发现纵横谈·谈学》

作者:王梓坤

主要内容:

1. 林黛玉的学习方法:从精于一开始

2. 一个公式:精读与博览。"鲁迅主张嗜好性读书,他在《读书杂谈》中说:'爱看书的青年,大可以看看本分以外的书,即课外的书,不要只将课内的书抱住。'晋朝的大诗人陶渊明也说:'好读书,不求甚解,每有会意,便欣然忘食。'这里说的是博览群书。"

3. 蓬生麻中,不扶而直:灵活运用

4. 涓涓不息,将成江河:资料积累

5. 剑跃西风意不平:推陈出新

6. 钱塘江潮与伍子胥:关于学术批判①

(二) 评述笔记

读《春夜洛城闻笛》与《塞上听吹笛》

"谁家玉笛暗飞声,
散入春风满洛城。
此夜曲中闻折柳,
何人不起故园情!"

读李白的《春夜洛城闻笛》,又一次被字里行间流露的真实情感所感染。这首诗是李白客居洛阳时作的,描写在夜深人静之时,耳边传来阵阵悠扬的笛声,如清澄的山泉,时而潺潺流淌泉声叮咚,时而撞击山石喷珠溅玉,时而又如沉睡般缓缓飘落。这笛声散落在春风里,飘荡在夜晚洛城的每一个角落,使人闻之深深陶醉。②

无独有偶,边塞诗人高适也有一首写听笛的诗《塞上听吹笛》:

"雪净胡天牧马还，
月明羌笛戍楼间。
借问梅花何处落？
风吹一夜满关山。"

两首同是听笛的诗，给人的感觉却是不同的。两者都带有一丝忧伤的色彩，但前者是作者一人的心境感受——一个异乡客的孤独落寞，一个游子的思乡之情；后者虽也写了诗人个人的心情，但相信那一刻和诗人同在边疆的每一个人都会油然升起同样的感受——渴望战争结束，回到故乡，与亲人团聚。诗里提到的梅花，指的是笛子吹奏的《梅花落》。边塞是不可能有梅花开放的，这纯是作者的幻想，但由此衬出了边塞生活的寂寞与荒凉。③

交流平台

① 分点列出，将来使用时一目了然。
② 先就诗论诗。
③ 最后是记下读后所想。这样的读书笔记已类似文学小评论了。

这里展示了做读书笔记的两种方式：制作资料卡片、撰写述评短文。第一张资料卡片比较粗略，但提纲挈领，重点突出，有较强的实用性。后一篇述评笔记有两点难能可贵：一是比较着读。这是读书的一个重要方法，它能让你发现不同，发现特点，能得到更为可靠的知识。二是自觉地读，并且是自觉地比较着读。若能长期坚持这样，定会大有收获。

请你评点

从"资料卡片"和"述评笔记"的区别入手。

佳作借鉴

读《读书教学四十年》

陈　原

杨振宁的《读书教学四十年》（香港三联版），乍看书名以为是一部自传，谁知却是一部论文选集。集子里讨论的是公众关心的一些问题，而不是物理学的专门问题，因此，这是一般读者都能读懂的，颇有启发性的读物。

书中记述这位大科学家的几部科学著作，其中文书名也很耐人寻味，它们是——
《超晶格》（1945）
《核反应》（1948）
《临界点》（1964）①

作者在《爱因斯坦对理论物理的影响》（1980）一文中，非常简明扼要、一针见血地表述了20世纪人类对物理世界认识的变化过程。他认为“在20世纪初，发生了三次概念上的革命，深刻地改变了人对物理世界的认识”，这三次革命是：

狭义相对论（1905）

广义相对论（1915）

量子力学（1925）

而“爱因斯坦本人发动头两次革命，影响并帮助形成了第三次革命”。

从这里人们惊奇地发现，对物理世界这样巨大的认识变革，每十年发生一次！如果有人能写出一部以爱因斯坦为中心人物的20世纪物理世界认识发展史——或者简称为20世纪初30年科学史，而且写得如杨振宁那样深入浅出，对于广大读者（不只是自然科学的学生）大有益处，因为这不只是丰富了知识，而且增强了对认识论的理解。②

书中还有一段表达了作者对某些词汇的看法，他说：

我们的语言甚至还有这样的内涵：不论在东方还是在西方，右边都意味着美好，而左边意味着邪恶。

多有意思！至少在现代以前是这样的——在我们这里“左迁”意味着降职，而“旁门左道”则简直是邪恶了。但现代呢？左表示革命，右表示保守或倒退。是古今不同乎？是瑞士语言学家索绪尔所谓“历时”而不是“共时”的发展乎？

虽然没有看到结论，但这却是发人深思的。——我的意思是，不仅对语言学者，而且对于勇于在思想领域作探索的人，都有启发。

交流平台

① 几本书的排列，使读者对“20世纪的三次概念上的革命”有了大致的了解。

② 点出杨振宁此书的学术价值。

陈原先生的读书笔记简洁明快，没有多余的话。首先对杨振宁三本著作的书名感兴趣，接着肯定作者对爱因斯坦的理论成就的阐述，并提出写一部“以爱因斯坦为中心人物的20世纪物理世界认识发展史”的建议，最后还对词汇发展变异的观点谈看法。信笔写来，轻松自如。想到什么写什么，没有做作，这便是率性的读书笔记。读书笔记贵在写出真的读书心得。

请你尝试

1. 我读《________》

提示：这可以是一篇文章的读书笔记，可以是一本书的读书笔记。

2. 准备剪贴簿，争取每学期剪贴一本。

3. 制作资料卡片，可精可粗，争取每学期完成100篇以上文章的资料卡片。

4. 确定一个方向，编一本文选，争取在一年内完成。

第二课 指指点点显“书识”

点评是中国文化史上最具特色的现象之一。

——编者

写作跳板

你听说过“见识”“卓识”“学识”“史识”，听说过“书识”吗？[①]

“书识”就是对书的见识，这种见识包含着一个人的学识修养、生活感悟。一个人有了一定的学识修养和生活感悟后，面对它所读的书就会有自己独特的“书识”了。

将“书识”诉诸文字，一般说来有许多种表现的方式，如制成资料卡片，写成读书笔记，对原作进行点评，写成书评等。前两种方式我们曾在前面进行了介绍，这一节我们一起来讨论另一种方式——点评。

点评是中国文化史上最具特色的文化现象之一。它把作者、点评者、读者三者联于一体，使三者能够携手寻幽探妙。它作为一种最灵活简便的文艺评论形式，深受读者的欢迎。很多中国古代的文人学士喜欢运用这种方式。因此，从最实用的八股范文到最通俗的稗官野史，都有高手的点评。明清两代由于有一批“书识”非凡的文人的参与，点评这一形式得到了充分的发展，进入了全面繁荣时期，涌现出了一大批传世的佳作。明代李贽点评《论语》、冯梦龙点评《桂枝儿》、清人金圣叹点评《西厢记》《水浒》是其中的佼佼者。因为他们的点评，这些作品的受众面更广了。[②]

点评根据所写的位置不同，又有不同的名称。

眉批：即写在书眉上的评语。（书眉指正文上方的空白处）

旁批：即写在书页两旁空白处的批语。

夹批：即写在字句中间的点评。

尾批：即写在文章结尾处的批和评。

点评的写作没有什么限制，涉及的面相当广。它既可以针对整篇文章（这一般是由眉评和尾批来担当），也可以针对某一段、某一句、某一个词、某一个字；它既可以是就文章的内容来谈，也可以是就文章的形式来说。总之，义理、考据、辞章，无论是哪一方面，无论是宏大还是微小，都可以自由评注。因为它一般不需要独立成章，所以更多的是简短而充满东方智慧的犀利妙笔或解颐妙语，让人读后有种痛快淋漓的感觉。

交流平台

① 这就是咬文嚼字。

② 古人的读书方法，现在依然有效。

学生习作

落　叶

落叶在春天纷纷而下，这是南国特有的奇观。① 北国的朋友也许以为怪异。因为，在北方，落叶在秋而不在春，当峭厉的西风把天空刷得愈加高远的时候；当陌上阡头的孩子望断了最后一只南飞雁的时候；当辽阔的原野无边的青草被摇曳得株株枯黄的时候——当在这个时候，便是树木落叶的季节了。②

北国的落叶，渲染出一派多么悲壮的气氛！落叶染作黄金色或者竟是朱红绀赭吧。最初坠落的，也许只是那么一片两片，像一只两只断魂的金蝴蝶。但接着，便有沙沙哗哗的金红的阵雨了。接着，便在树下铺出一片金红的地毯。而在这地毯之上，铁铸也似的，竖着光秃秃的疏落的树干和枝丫，直刺着高远的蓝天和淡云。

南国的落叶却不是这般情景。落叶的颜色是浓重的苍青，在地上铺出苍青的织锦。而在树上，也是浓重繁密的苍青色，教你抬头看不见一点蓝天的影子。可是，在这浓密的苍青的树冠上，你看吧，春潮般地泛起来多少嫩绿的新叶的波浪！③

这是万木争荣的季节。在遥远的地平线上，威严地站立着的，已不是冷酷的冬。老叶不必窸窣，或者说不必作那悲壮的自我牺牲来保护树木挨过冷酷的冬吧。在这里，就连冬天的阳光也灿烂如碎金，雨水温润而充足，地表下有取之不尽的营养。万木在和风中一样做它们欢乐的梦。

时序如轮旋。秋天过去了。冬天过去了。司春之神于是欣然驾临。蜂蝶成群来起舞，百鸟结队来唱歌，杂花纷纷然披陈于枝梢上。氤氲的南国，这时已装载不下旺盛的勃发的生机。

而这时，我走在无论哪一个林子里，无论哪一棵树下，我都欣喜地看见，每一棵树上都蓬勃地怒发出新叶。我看见新叶高标出老叶覆满的树冠。我听见新叶在歌唱，唱它们新生代的歌。我听见新叶在呼唤，呼唤未来的鲜花和甘果。

于是，我看见老叶意识到自己历史使命的即将完成。④

老叶沙沙哗哗而下了。然而，老叶没有悲戚。老叶也一样唱它们雄壮豪迈的进行曲。老叶融入春泥，老叶化作玉露玉浆，滋润着大树上新叶的生长。

这是一幅多么伟大的充满希望的图画！

于是，无论在哪一棵树下，我都进入一种庄严的忘我的思考。⑤

① “特有”写出这种奇观只有南国存在。

② 把北方落叶和南方落叶作比较，引起读者兴趣。

③ 南国的落叶具有一种谦让的美；北国的落叶具有一种悲壮的美。

④ 老叶为新叶的茁壮成长做出最后贡献。

⑤ 思考什么？思考老一代应急流勇退，新一代要激流勇进。

交流平台

当你读完这篇文章后，也可能读完了对文章的点评。把两者联系起来，你是不是发现，点评者与作者已同你一起“携手寻幽探妙”？

请你评点

对旁评的文字进行一番评点。

佳作借鉴

李贽点评《论语》（节选一则）

子曰：“学而时习之，不亦说乎！亲切有味。有朋自远方来，不亦乐乎！人不知而不愠，缩。不亦君子乎！伸。”

学则有悦乐而无愠，何等快活！何等受用！不学真是小人，一生惟有烦恼而已矣。①

交流平台

① 点评得真是畅快淋漓。

李贽是明代大思想家，他点评《论语》充满智慧之光。

在这一则点评中，夹批主要就孔子的说话艺术来谈。“亲切有味”是真儒气象。“亲切”是平易，平易是大家气度，不板面孔，不拿架子，如朋友与你促膝而谈。说话有“缩”有“伸”，就是进得去、出得来，诱导启发中获得听者的信任。

尾批是就内容来说。正说“学”的快乐，反说“不学”的烦恼。学而学出了快乐，学得“快活”，那是学的高境界。孔子是最会享受学习乐趣的人，“发愤忘食。乐以忘忧，不知老之将至”。李贽也是会享受学习快乐的人，且是君子之乐。从他狠狠地骂“不学真是小人”中，你是不是感到一种痛快淋漓之乐？

请你尝试

1. 选取自己喜欢的一篇文章，对其进行点评。

提示：由于是初次训练，对自己不要要求太高，点评的面也不要太广。可以先根据你的读书习惯来做。如果你对词语、句子的感悟较强，则可以从词语、句子入手；如果你是善于思辨的人，喜欢从宏观来把握文章，则可以从文章的整体内容方面入手；如果你是一个对文章形式比较注重的人，则可以从写作技巧方面入手。

2. 选一本自己喜爱的书，对其进行点评。

提示：先订一个计划，安排好自己的时间和点评的大致内容，然后按计划进行，这样会更有效。

3. 与同学交流点评的文章和书，征得同学的同意后对其点评作再点评。

4. 下面这则点评选自李贽对《论语》的点评，请先翻译，然后对李贽的点评作再点评。

子曰："君子食无求饱，居无求安，敏于事而慎于言，就有道而正焉，可谓好学也已。"

此是训君子如此，不是赞君子如此。若作赞君子看，末句血脉便碍。

第三课　老舍的家一片白茫茫

诗人的梦长在爬满故居的青藤上。

——编者

写作跳板

读书人对他所崇敬的写书人总有一种敬仰。因此，读书人都有一个愿望：能拜见所敬仰的写书人并得到他签名的书。但这只限于同一时代的读书人与写书人，对故去的写书人，读书人要更多地感受他的气息，就只好到他的故园寻梦了。而对读书人来说，绝大多数写书人都已成为“古人”。因此，多少有些“痴”的读书人，[①]总是对拜谒写书人的故居有着一种特别的情愫。即使写书人的故居已不复存在，他们也要到故居的废墟上凭吊一番。人们怀念老舍，就到那已成为“一片白茫茫”的老舍故居走上一趟。为消释久藏心中的这种特别的情愫，他们总会在造访故居后抒写一篇华妙的佳作。我们常常能读到这方面的作品。

你已读了许多书了，是不是也有自己敬仰的写书人？对已故的写书人是不是也产生了探访他的故居的愿望了？

很高兴你小小的年纪就有这样的愿望，这表明你已真的是很热爱书了，表明你正在走进这位写书人的世界。建议你在探访写书人的故居前做一些准备：对写书人的生平了解得更全面一些，有可能的话将他在这座故居时的生平事迹列出年表；找一些别人拜谒这位写书人故居的文章来读，让自己在拜谒前对这座故居有一个感性认识。如果你无法找到这些资料，那你也不妨先对这座故居作一番想象，它将同样有利于你造访时更好地把握他的精魂。[②]

访问回来后，你的心中涌动着一种激情，可能就急着要把这次访问形成文字了，但别忘了基本的文体特征。如果你是写一篇访问记，有一些因素是必备的：访问的时间、访问的踪迹、访问对象的特征。但不管你使用什么文体，有三点是非常重要的：一、拜访故居是为了更好地读书，更好地进入写书人的文章之中，因此，你的文章要融入这样的内容——拜访故居后对他的文章有了哪些更深的理解；二、写故居是为了写人，写那个你敬仰的写书人，因此，你的文章要将写书人的精神与他故居的精魂一同托出；三、写故居是为了抒写读书人对写书人的敬仰，因此，文章更多的是抒情笔墨，即使叙述、描写也充满感情。所以，这样的文章不宜过多地把笔墨放在事件的交代上，包括游踪的交代，而要更多地注重对作品与写作者的理解。这样，你才能真正“走进诗人寻梦园”了。

“诗人寻梦园”，其实寻找的还远远不只是“诗人”的故居，更要寻找他的精神家园。一般地说，特定地域都有哺育“诗人”的深厚的独特的文化底蕴。因此，从某种程度上说，拜访写书人故居也就是去感受某种独特的文化。[③]

交流平台

① 一个“痴”字，道尽读书的最高境界。

② 这可不是一般的旅游啊！

③ 可以说说老舍先生的身世、他的文学成就、他的受辱而死。

学生习作

古歙的雨巷

“撑着油纸伞，独自彷徨在悠长、悠长，又寂寥的雨巷……”当我脑海中突然浮现出“雨巷”这一意象时，我便苦于无法在现实中找到一条弥漫着历史与文化气息的雨中巷道，使之得到真切的还原。偶然中，漫步于古歙的雨中小巷，才恍悟到原来那最和谐完美的对应竟在我身边沉默着。[①]

历史如一匆匆赶路的行者，再精壮也有疲惫的时候。于是，古歙便自觉为它的一个歇脚站。稍作休憩，它出发了。走时，遗弃了一些无用的粗重，不经意，也撒落了一些细软。古歙拾起来——扔掉了太可惜了，继而打点行装，开始了慢慢的追赶历史的生涯——它执拗地要把这些文化细软交还粗心的历史。

我走进一条巷弄——徽商故里斗山街。湿漉漉的石板路泛着幽幽青光，一路望去，一幢幢高深的古民居散着浓浓的徽味，灰墙黑瓦，错落参差，节奏异乎寻常的和谐。别出声，历史在这歇息，文化在此驻足。[②]墙上的苔藓，斑斑驳驳地显示了老屋的沧桑；屋顶的苇蒿，柔柔细细地倾诉着脚下无尽久远的文化史。

一幢幢民居古韵盎然，屋门上大多有一个清隽典雅的名号，四周配以生灵活现的砖雕。门大多紧掩着，布下一串谜语让外人对里面的世界痴想半天。敞开的也多是售卖文房四宝和书画的店铺。我择一而入，古色古香的厅房，仿佛成了中国传统文化的展览馆。正墙上悬挂着一幅生于斯长于斯的国画大师黄宾虹的画像，其余几面墙壁上挂满了气象万千的书画作品，下面是一方方精镂细琢的砚雕。再看主人，他正专注地凿刻砚石，那痴迷的神态令我好生感动——古歙，不正是靠这些精魂来维系其文化的本原吗？

雨后的小巷，跫音格外响亮，新生的墙藓盈着油油的绿意扑面而来。[③]

交流平台

① 仿佛古歙的雨巷中走出了当年的戴望舒。

② “别出声”三字极妙。

③ 就如读戴望舒的诗。

习作很自然地把古歙、黄宾虹、戴望舒三者联系在一起了。这得益于作者的感悟，得益于作者对诗人与诗作、对当地历史文化深切而独到的理解。

当作者把古歙与戴望舒、黄宾虹联系在一起时，作者也被融了进去，也被这种特定的文化气息所感染。这样，文章就有了精神内核。“把自己融进去”，这是写作的最佳状态。

请你评点

本文文笔典雅，颇有文化底蕴。举几个例子评点一下。

佳作借鉴

雪天，走进曹雪芹故居（有删节）

吴俊凯

到北京正值天空飘雪。我走向曹雪芹故居时，雪似乎下得更大。草地上、树枝上已经积了一层，空气也冷了些，给人一股浓郁的寒气。①

我并没有急于走进这位大作家的故居，而是顶着风雪在故居之外的草坪上徘徊。

我怀疑我是否真的走到了曹雪芹故居。难道这就是写过“满纸荒唐言，一把辛酸泪”的作家的栖身之地？我读过《列夫·托尔斯泰传》，列夫的居所比雪芹的要宽敞雅致得多。我不相信雪芹住在这屋里，喝着稀粥，临了风雪，望着西山写下了《红楼梦》。这里太平淡了。从外观上看，是普通得寒碜的农家院子。

但思想是自由的，现实是客观的。雪芹正是居住在这沉寂的郊外，听着村头冷雨，写了十载，才表达了自己的一个心愿。但这个心愿表达得并不完整，他的生命就在贫病交加的风雨中零落了，像枝头的一片枯叶悄悄地零落到了地上，回归了自然，被黄土淹没，真可谓“一抔净土掩风流”啊！②

白雪仍旧飘拂得起劲，染白了时间与空间，甚至连同我的情感。寒风从西边吹来，吹起了满地的雪花，我走进了雪芹故居。

一切都过于简单。

几根矮小的苦竹，叶子已经被雪压弯了，但似乎还有生命的精神。这是雪芹两百年前亲手所栽？不大的院子里什么也没有，像农家已经荒废的菜园。我想这是否是雪芹在此望月休憩的场所？两百年前的雪芹也许在此接待他的朋友们，说不定还有一番丝竹苦吟。看来，这是雪芹情思飞越之地了。伟大常常诞生在平凡之所。③

远处的一枚枫叶被风吹到了院子里，仿佛在雪地上幽怨着。那是一枚已经完全干透了的叶子，黄中有些发黑，在白雪地上，更显出了生命被风干的痕迹，如同这屋里两百多年前的主人。

我倚着屋子的墙壁体味这经历世纪的建筑，也体味屋内残存的十八世纪之味。但房屋依旧，味已缥缈。

雪芹的晚年只能走进了易安居士的词境：冷冷清清，凄凄惨惨戚戚。

我走出雪芹故居，穿过草坪，穿过树丛，让背影在风雪之中消失。而故居的形象似乎在我的意念之中已被大雪覆盖……④

交流平台

① 为何选择这么一个凄冷的日子“走进曹雪芹故居”？

② 开头的凄凉与晚年的冷清相呼应。

③ 细写眼前之物，令人遐想当初曹雪芹的身影。

④ 结尾余韵未尽。

文章有几个特点：

1. 将故居与作家、作品融于一体，写出了拜谒雪芹故居后对作家与作品的更深层的理解，如“我倚着屋子的墙壁体味这经历世纪的建筑，也体味屋内残存的十八世纪之味”。

2. 为文章创设了一个与故居、作家、作品相吻合的整体基调或者说氛围，使文章有了浓烈的抒情味。从第一段的景物描写“给人一股浓郁的寒气”，到最后在对比中走出故居“让背影在风雪之中消失”，全文都笼罩在一种悲凉伤感的情调中。

3. 显示了思想的力量。作者把自己的思想融入文中，显出文章的深意，有一种令人回味的力量。

4. 铺垫、衬托、对比等手法的运用，都恰到好处。

请你尝试

1. 走进诗人寻梦园

提示：拜访一处作家的故居，有条件的同学可拜谒你最喜欢的作家的故居。一定要写你对该作家、作品的理解，把那个“梦”字写出来。

2. 在王国维小屋前躲雨

3. 老舍的家一片白茫茫

4. 选取一个文化底蕴丰厚的地域，做一次文化调查，最好能与一名家名作联系起来。

第四课　繁枝删尽留清骨

学之之博，未若知之之要。

——朱熹

写作跳板

上一课我们“走进诗人寻梦园”，主要是寻访“诗人”的故居，感受孕育“诗人”的独特文化。其实，如果我们对这句话进行更宽泛的理解也是完全可以的。我们读书、写读书笔记、做点评、写提要，不也是“走进诗人寻梦园”吗？为什么？因为“诗人”最美的梦是在他的作品中，我们走进作品也就是走进诗人最神秘的精神家园。

我们已训练了“读书笔记”，包括剪贴、制作卡片、摘录、评述笔记、点评，今天我们来尝试给一篇文章或一部书写“提要”（提要也可以看做一种读书笔记）。相比较而言，制作卡片、摘录、评述笔记、点评的自由度要大一些，写提要却严格得多，因为写提要须严格地忠实原作。从这个意义上说，写提要比做其他的读书笔记要难一些。①

写提要的难处在下面几方面：

1. 要忠实于原作。这是一个基本的要求。它要求你认真阅读原作，把握原作的精髓，然后用你自己的话把原作的核心要旨传达出来。如果你不能做到这一点，那你写的提要就可能会歪曲原作。

2. 既然是提要，语言就应有较强的概括力，做到既言简意丰又简洁明了。这是对你语言表达能力的高度考验。②

3. 好的提要，还要尽可能保留原作的韵致。

这些都是写提要时需要特别注意的。写提要在读书中的意义也是很明显的——它促使你更认真仔细地阅读原作，使你能更全面、更深刻地掌握你所读书的精义；它更有效地训练你的语言概括力；它还促使你去理解原作的风格，以使你的提要保持原作的风格。如果能做到这几点，那说明你对这一部作品掌握得非常透彻了。

你如果能时常为所读的书撰写提要，书读多了以后，它就是你自己的一个大宝库，随时恭迎你的造访，供给你“食粮”。

针对不同的内容，写提要也有两种不同的方法：叙述式——多针对情节性作品；综述式——多针对议论性作品。根据不同的需要,写提要也有两种不同的方法:全息式——作为研究资料用,要求尽可能提供全面的内容;激情式——为推介用,通常用具有感染力的语言把最重要的内容推介给别人。

交流平台

① 这个要求高了点,但也不妨。取法乎上么。

② “概括”是语言表达能力培养的一个重要部分。

学生习作

曹文轩小说提要

曹文轩是我最喜欢的儿童小说家。他的每一部小说总让我读了一遍又回头去读一遍,有时能多次反复。那本《草房子》我读过多少遍我自己也不知道,反正常读常新。因此,我很乐意向同学们推荐曹文轩的小说。在这里,我把他三部重要小说的提要呈送给大家。①

1.《山羊不吃天堂草》

这是一部生动易读却又耐人寻味的长篇小说。

一群饥饿的羊,面对一片长得高贵诱人的“天堂草”,却不肯将头低下,若干天后,竟一只只壮烈地倒毙;由于生活所迫,小说主人公不得不远离故土,跟随“师傅”到外面的世界去闯荡谋生,历尽生活艰辛与世态炎凉,但他们似乎永远也不可能走进那个世界。

2.《草房子》

作品写了男孩桑桑刻骨铭心、终生难忘的六年小学生活。六年中,他目睹或参与了一连串看似寻常但又催人泪下、撼人心魄的事件:少男少女之间毫无杂质的纯情,不幸少年与厄运相拼时的悲怆与优雅,残疾男孩对尊严的执着坚守,垂暮老人在生命最后一瞬所闪耀的人格光辉,在死亡体验中对生命深切而优美的领悟,成年人之间扑朔迷离又充满诗情画意的情感纠葛……这一切,既清楚又朦胧地存留在少年桑桑的记忆里。这六年,是他接受人生启蒙教育的六年。

3.《根鸟》

这是一部与众不同的小说,它在少年小说中别具一格。整个故事是一个象征——少年心灵成长的象征。

一个少女到悬崖上采花,掉进了峡谷。她出现在一个叫根鸟的少年的梦里。根鸟出发了,一飞冲天,去寻找属于自己的梦。荒漠、草原、大山、村落、峡谷、小镇……一个个场景,奇异而玄妙。根鸟的成长在现实与梦幻之间。他决定以梦为马,度过他的成长阶段。恍惚、迷乱、摇摆、清醒、执着、一往无前,他在痛苦中品尝着快乐。

这是一部迷人的梦的小说。它让你在梦幻中游走,在真实中体验人性。②

交流平台

① 既是提要，第一段可删去。

② 对小说的评价最好不出现，提要应尽量不出现“自我”。

习作为曹文轩的三部小说写了提要，主要是对小说的内容进行介绍。从字里行间我们能体会到，它融进了作者对小说的深切理解，因此语言不仅简洁且富有情感的动力。这是一组综述式与激情式相结合的提要。

请你评点

选择其中一则提要，说说“清骨”留下了吗？

佳作借鉴

《三国演义》提要

[美]麦吉尔

黄巾起义被镇压下去了。①参加绞杀起义的各诸侯首领趁机纷纷扩大自己的势力范围，于是导致了东汉王朝的崩溃。历数大小诸侯首领，论心之狡诈、业之兴旺要首推曹操。此时，他已招募了大批的贤才勇将，有步骤地将他的许多对手，如董卓、吕布、袁绍、袁术等人先后铲除消灭。之后，挟天子以令诸侯，他以魏王的身份统治着中国的北方。

同是在黄巾起义时建立家业、赢得功名的刘备，尽管有两个武艺超凡的结义兄弟关羽和张飞，但在很长的时间内一直无甚建树。自从三顾茅庐，刘备拜诸葛亮为军师之后，他的命运才开始有了转机。此时，他作为汉王统治着四川一带。

正当刘备重整旗鼓，再建功业的时候，曹操也在蠢蠢欲动，然而孙权却是实现他扩张领土野心的最大障碍。其时，孙权从其父亲和哥哥手中继承了长江以南富庶的吴国。当曹操下定决心要跨过长江征服吴国时，孙权和刘备结为联盟，致使曹操一败涂地。孙刘联军大败曹军之后，刘备返回四川。于是，三国鼎立的局面形成了。②

蜀吴的友好关系并未能维持多久。被委以重任镇守与吴毗邻的湖北边关的关羽，后来与孙权结下仇怨，不久在交战中被害。刘备立下誓言，定要踏平吴国。诸葛亮则主张联合吴国，以便对付他们共同的更有威胁的敌人。然而，刘备却不顾诸葛亮明智的忠告，亲自率兵讨吴，遭到惨败。之后不久，刘备便溘然长逝。

刘备的儿子继承了主位，但他却是一位懦弱无能的君主。出于对刘备的忠诚，诸葛亮决心为后主效力并发展蜀国的业绩。他与吴修好，几次征伐魏国，但这些战役都以陷入僵局而告终。由于过度的操劳和苦于无勇将(刘备在世时的“五虎将”仅幸存赵云一人。只有这名老将还能叱咤风云，不减当年)，诸葛亮失去了当年排兵布阵，指挥千军万马的凛凛威风。况且,魏国统帅司马懿也是一位深谋远虑,在许多方面不亚于诸葛亮的能人。诸葛亮最终鞠躬尽瘁,死而后已。[③]

此时,司马氏已篡夺了魏国的大权,并辖制着曹操的后代,就像曹操和他的第一个继承人曹丕对待汉室皇帝一样残酷无情。蜀吴这时都已衰败,唯有蜀国元帅姜维仍然勇敢地抗阻着崩溃的潮流,但他被困在邓艾和钟会率领的强大的南征军队的包围之中。姜维死后不久,蜀吴两国国主投降,司马懿的孙子司马炎作为晋朝的开国皇帝统治着中国。

交流平台

① 第一句是"黄巾起义被镇压下去了",而不是"黄巾起义开始了",提要就要如此"删繁"。

② 赤壁之战宜提一提。

③ 空城计也应提一下。

为《三国演义》写提要是一件极不易的事情。然而,美国人麦吉尔主编的《世界名著鉴赏大辞典》却做得较好。这是一篇叙述式与全息式相结合的提要。它不仅写出了原作的概貌,而且还不失原作的韵致,这缘于作者对小说的理解。

请你尝试

1. 就你最喜爱的一部小说,写一篇叙述式与全息式相结合的提要。

2. 就你最喜爱的一部诗歌集或散文集,写一篇综述式与激情式相结合的提要。

3. 制订一个读书计划,拟写一部提要式的书。

提示:提要式的书就是像《世界名著提要》一类的书。你可以选取一个方向,把类似的书都收进你的提要的范围,然后一本一本读,一本一本写提要,写到一定的数量就可装订成册,并自制封面,请同学写序。这多有劲!

4. 向同学推荐一部提要著作,并写出几条理由。

第五单元

文学创作五线谱

少年是一首诗，一首意气风发、激情浇铸的诗；

少年是一曲歌，一曲高亢激越、壮志谱写的歌；

少年是一出戏，一出悲喜交集、真情演绎的戏；

少年是一篇童话，一篇绚丽缤纷、梦幻编织的童话；

少年是一组散文，一组颖悟睿智、灵性挥洒的散文；

少年是一部交响曲，一部诗、乐、戏、文合奏的交响曲。

少年朋友，你是否可以学着用诗、用歌、用小说、用童话、用散文奏出一部部少年交响曲？本单元中我们将学习诗歌、童话、小说、游记等写作，虽然是初步涉猎，但也将别有一番风景。

第一课　诗，献给母亲

母亲呵！你是荷叶，我是红莲。心中的雨点来了，除了你，谁是我在无遮拦天空下的荫蔽？

——冰心

写作跳板

“母亲”，人间最美好的语词，最甜蜜的呼唤！她蕴藏在我们每一个人的心灵深处，就像种子隐藏在地心里。当我们极度孤苦无助的时候，在我们无比幸福欢乐的时刻，不经意地，她会从我们嘴里蹦出，就像芳香在晴空里或细雨蒙蒙时从玫瑰花蕊中散发出来那般自然。

“母亲”，人间最庄严、最圣洁的称呼！她意味着哺育的责任和爱的义务。譬如太阳是大地的母亲，她用自己的热量哺育大地，用自己的光芒照彻大地，用海浪和溪水的音乐温柔大地的梦乡。

“母亲”，人间爱的使者，美的化身！她饱含着希望、爱戴以及人类心灵中所能包容的一切温柔、甘美和甜蜜。她是怜恤、慈悲、同情、宽容的源泉。她爱并被爱，她奉献爱的同时也传播了爱的美德。世界因此而美丽。[①]

我们沐浴在母爱的阳光里，享受温馨的同时，感激的情愫便自然地、本能地漫上心头。母爱是如此美丽和高贵，我们怎样才能回报其万一呢？

——爱，只有用爱来回报。把心里爱的情怀抒写出来，让母亲看到一个懂事的、智慧的孩子，这该是多么令人兴奋！

那么，写什么呢？要说抒发情感最热烈、最直接的方式，非诗歌莫属了。就让我们一起来写诗吧！愿激情洋溢的诗歌载去我们对母亲的爱和祝福，载去我们对母爱的景仰和赞美。[②]

不要认为只有诗人才会写诗。只要你有诗的情愫，用最简朴的语言，也能写出最精彩的诗歌来。

当然，诗歌也有一定的写作技巧，如押韵，如重章叠句，如锤炼词语……但今天我们主要是体会诗歌的情感、诗歌的想象。

交流平台

① 充满真情，诗一般的语言。

② 诗，首先献给母亲，因为每个人对母亲的爱体会最深。

学生习作

五月的第二个星期天

五月的第二个星期天，①
美丽的红色康乃馨，②
孩子一声轻轻的祝福，
母亲一行灼灼的热泪。③
母亲一行灼灼的热泪，
流进孩子未垦的心田，④
孩子未垦的心田，
萌动了爱的新芽。⑤

交流平台

① 用时间短语婉转地表示母亲节，不仅避免了语言直白的粗陋，而且阳光五月的时节本身也给人佳节的温馨感觉。

② 母亲节的花，渲染了一片温馨的抒情氛围。

③ 句式工整，语言简洁，情景感人。

④ 巧妙！诗情推向了高潮。

⑤ 仿佛能听到爱在潜滋暗长，比生命的乐曲更美妙！

母亲节、康乃馨、祝福语、懂事的孩子、感动的母亲，而母爱则隐蔽在幕后。诗末两行，泪流进心田，滋养爱的新芽，形象地表现了爱互相感染、互相激发的主题。

学生习作

等

夕阳西下时，
母亲和热饭等着。①
风雨交加时，
母亲和雨伞等着。②
春风得意时，

母亲和忠告等着。③
灰心丧气时，
母亲和勉励等着。④

交流平台

① 最是平常，最是真实感人。母爱就是在平凡中给人温暖。家有“热饭”是一种幸福。在“母亲”与“热饭”之间加上一个“和”字，真是妙不可言！

② 寒风冷雨相侵时，一把雨伞能让人幸福到鼻酸。又是一个“和”，更妙！

③ 由身体上的爱护转向精神思想上的关注。母爱得到了提升。

④ 母亲等于热饭，母亲等于雨伞，母亲等于忠告，母亲等于勉励！

小诗选取四个具有典型性的生活情境，从身体和精神两方面反映母亲对孩子的无微不至的关怀。诗在形式结构上的特点是：统一中有变化，段式、句式整齐，和谐对称，具有整饬之美。

请你评点

《等》用的是重章叠句的技巧，你认为这么写好吗？

佳作借鉴

呵，母亲

舒 婷

你苍白的指尖理着我的双鬓，
我禁不住像儿时一样
紧紧拉住你的衣襟。
呵，母亲，
为了留住你渐渐隐去的身影，
虽然晨曦已把梦剪成烟缕，
我还是久久不敢睁开眼睛。①
我依旧珍藏着那鲜红的围巾，
生怕浣洗会使它
失去你特有的温馨。
呵，母亲，
岁月的流水不也同样无情？
生怕记忆也一样褪色呵，②
我怎敢轻易打开它的画屏？

为了一根刺我曾向你哭喊，
如今戴着荆冠，我不敢，
一声也不敢呻吟。③
呵，母亲，
我常悲哀地仰望你的照片，
纵然呼唤能够穿透黄土，
我怎敢惊动你的安眠？
我还不敢这样陈列爱的礼品，
虽然我写了许多支歌
给花、给海、给黎明。
呵，母亲，
我的甜柔深谧的怀念，
不是激流，不是瀑布，
是花木掩映中唱不出歌声的古井。④

交流平台

① 明知是幻梦已逝，仍执着地不肯睁眼。思念之深之切跃然纸上。

② 联想独特巧妙！

③ 回忆曾经的撒娇，对比如今的无助，更触动内心的孤苦和悲哀。

④“唱不出歌声的古井”，是无言的怀念归于深谧的怀念，较之激流般、瀑布式的吟唱所表达怀念之情更深刻、更绵长。

这首诗形式上具有整饬的美感，全篇分四节，每节七行，中间以“呵，母亲”一句把叙述与抒情联结。全诗构思巧妙，联想独特，比喻新颖，更有丰富的思想内涵。

你是否也可以试着写写诗，因为你自己就是一首诗。

请你尝试

1. 歌咏母亲，是文学中一个世界性的主题、永恒的主题。母爱没有地域国界，没有朝代时限，世上的妈妈都是一样的。阅读韦尔斯的小诗 *Mothers and Others*（《母亲和别人》），并把它译成汉语。

Mothers and Others
A. R. Wells

Others weary of the noise,
Mothers play with girls and boys.
Others scold because we fell,
Mothers kiss and make it well.
Others work with patient will,
Mothers labor later still.
Others' love is more or less,
Mothers' love with steadiness.
Others pardon, hating yet,
Mothers pardon and forget.
Others keep the ancient score,
Mothers never shut the door.
Others grow incredulous,
Mothers still believe in us.
Others throw, their faith away,
Mothers pray, and pray, and pray.

2. 五月的第二个星期日是母亲节。那么，父亲节是哪一天，你知道吗？与温柔、甜蜜、慈祥的母爱相比，父爱具有怎样的特点？让人联想到哪些物与景？

是山？海？严厉？深沉？磅礴大气？

请回想父亲在日常生活中为你做的点滴小事，感受其中爱的内涵。阅读《父爱如山——文化名人写父亲》一书，学会感受父爱。试着写一首歌咏父爱的小诗，记得用漂亮的字体，加上精美的装帧，作为礼物祝贺父亲的生日或节日。

3. 春雨润物细无声（歌咏老师）

4. 白衣安琪儿（歌咏医生、护士）

第二课　琉璃梦工坊

做梦的时候，我们幸福着；写梦的时候，我们兴奋着；读梦的时候，我们快乐着。

——编者

写作跳板

蓝蓝天空，太阳红红，
小狗追着小蜜蜂。
夏天的风吹着我坠入梦乡，
我看见爸爸妈妈在梦中，
我做着甜甜蜜蜜的美梦。

轻轻哼唱美丽的童谣，慢慢闭上沉醉的眼睛。恍惚中，你是否又回到了童年？

无忧的童年，烂漫的童年，琉璃一般的童年，七彩缤纷的童话梦——《海的女儿》《拇指姑娘》《卖火柴的小女孩》《皇帝的新装》《丑小鸭》《灰姑娘》《白雪公主》《神笔马良》《宝葫芦的秘密》……①

这曼妙的童话世界，是我们初涉的文学殿堂，在这里，我们阅读了经典，结识了大师，开阔了眼界，积淀了文学素养；这曼妙的童话世界，是我们人生的第一课堂，在这里，我们感悟真善美，经受爱与恨的洗礼；这曼妙的童话世界，更是我们的琉璃梦工坊，在这里，我们在激赏大师超凡智慧的想象力的同时，也激发出了自己的奇思妙想，唤醒了创造的热情。

我们爱做梦！我们拥有无数绮丽的童话梦，那是我们最珍贵的财富，却稍纵即逝。

留住这份珍贵！我们来写梦！让思绪在笔尖轻舞飞扬起来吧，让激情在字里行间洋溢，让想象的天马在纸上奔腾驰骋……②

交流平台

① 童话，是我们学语文的第一站。

② 童话即故事，写童话即编故事。

学生习作

洋娃娃和小熊跳舞（有删节）

森林的小木楼中住着一对中年夫妇，还有他们16岁的女儿托迪娅。①

“托迪娅，快睡觉了！”女主人照例在临睡前关照女儿。

“知——道——了！”托迪娅把声音拖得很长。她把自己心爱的玩具——一只漂亮的布娃娃和一只憨态可掬的布熊放在窗边的桌子上，倒头睡去了。她睡得好香呀，以至于对这夜所有的神奇故事一无所知……

洋娃娃和小熊像平时一样，安静地坐在桌子上。

突然，太阳神王子的使者小猫仙从窗外匆匆飞进来，停在桌子上，叫着：“电话！电话！”托迪娅的桌子上有一台电话，小猫仙跳过去拿起了话筒：“喂！什么？不能来？不是说好去参加舞会的吗？……”原来，这是天使之间在通话，这种通话世界上的每一台电话机都可以接到，只是从来都没有人注意过。

洋娃娃和小熊好奇地看着身边焦急的小猫仙。

小猫仙对着电话又是一番嘀咕，然后生气地挂断电话，嘟囔：“嗯，真糟！又没完成任务！”

洋娃娃和小熊仍好奇地望着气鼓鼓的小猫仙，他们不知道，这是一个太阳神王子最喜爱且专门邀请的小仙女的告假电话。这么重要的人物告假，你说小猫仙能不气吗？

在桌子上踱了半天，小猫仙突然停住，盯着身边的洋娃娃和小熊：“嗯？这两个是谁？”

突然，他眼睛一亮：好极了，他们可以代替小仙女参加舞会嘛！于是他冲着洋娃娃恭敬地说：“亲爱的，你一定是会跳舞的千金小姐！你愿意参加太阳神王子的舞会吗？这样盛大的舞会一千年才有一次！”洋娃娃眼中流露出兴奋的光彩。小猫仙接着问：“小姐，你有舞伴吗？”洋娃娃点点头，把目光投向小熊。“他？”小猫仙挺奇怪：“他可不大像会跳探戈或伦巴的！但是……哎呀，来不及了。好吧，一块儿走！”小猫仙拉起他俩飞了起来，越飞越高，越飞越快，向着太阳宫殿飞去。②

也不知飞了多久，穿过了多少枝叶相错的大树和漂亮的小木屋，终于，前方出现了一片神奇的土地。小猫仙松开手，洋娃娃和小熊就从空中落了下去。当双脚触到地面的一刹那，他们感到自己的身体发生了奇迹般的变化——他们变成了真的姑娘和真的熊。

交流平台

① “森林”“小木楼”都是童话发生的典型环境。

② 千年舞会令人神往。

原稿篇幅太长，只能节选开头一段，但我们已能感受到童话特有的想象力和优美的意境。首先是文题“洋娃娃和小熊跳舞”，马上把我们引入一个童话世界，还有太阳神、千年一次的舞会、通达全世界的电话……这些都是闻所未闻的，但在小作者笔下，就如阳光下的影子那么真切。

请你评点

这样的开头好不好？童话大致有几种开头的方法？

佳作借鉴

灰姑娘（有删节）

［法］夏尔·贝洛

从前有个非常可爱的女孩，她不仅聪明漂亮，而且心地善良。这个女孩的妈妈，在她还小的时候就病逝了。女孩的父亲，娶了个新妈妈回来，新妈妈还带来两个新姐姐。

“哇，这下家里可热闹了。”家里突然变得热闹起来，女孩高兴得不得了。可是，女孩的兴奋是短暂的，新妈妈根本就不疼爱女孩，甚至还虐待她。①

城堡里的王子发出请帖，邀请各户人家的女孩。“王宫里将开舞会，请务必光临。”侍卫沿着街道喊着。女孩们接到王子的邀请后都欢欣雀跃。灰姑娘的两个姐姐更是非常高兴：“太好啦！去王宫必须穿漂亮点呀！”“是啊！要穿件引起王子注意的漂亮衣裳呀！”“我要穿哪件衣服呢？”“穿哪双鞋呢？”“头部要怎样装饰才好看呢？”两个姐姐完全乐坏了。②

灰姑娘非常羡慕两位姐姐，她们兴奋地准备着，可她尽做些打扫和做饭的杂事。“灰姑娘！灰姑娘！快来呀！”“你死到哪里去了！还不快来帮我忙，再不快点，就要耽误舞会了！”两个姐姐大呼小叫着。

马车来了，两个姐姐由妈妈带着，装模作样地矫饰了一番，然后出门了。当马车走后，灰姑娘好寂寞，只剩下她一个人留在家里看家。灰姑娘好可怜，想着想着，真的好难过，难道自己不能去参加舞会？她在火炉旁开始抽抽噎噎地哭了。虽然她尽量地忍耐，可是一想到王宫里的热闹舞会，她不由得又伤心了。她独自伤心地哭着。③

“喂，灰姑娘！”突然有人站在灰姑娘背后叫她。“咦！”灰姑娘吓了一跳，转头一看，是她常偷着给吃的老婆婆。老婆婆问：“灰姑娘，你为什么一个人在这哭呀？”灰姑娘擦干眼泪说：“妈妈和两个姐姐都去参加王子的舞会了。”老婆婆又问：“那你为什么不去呢？难道你不愿意参加王子的舞会？”灰姑娘说：“愿意，可是我这身肮脏的打扮，怎么能够去王宫呢？”

老婆婆笑了。“好，好！你真是个心地善良的好女孩，我一定让你去参加王子的舞会。”老婆婆拿着一根拐杖，轻敲地上的南瓜。啊！多么奇妙，转眼间，南瓜变成漂亮的马车。

原来老婆婆是个魔法师呀！灰姑娘大吃一惊。老婆婆微笑着说：“你看，车辆有了，可是还缺少马匹！”老婆婆拿拐杖一点墙角的四只老鼠，老鼠立刻变成四匹马；然后又用拐杖一指桌上的老猫，老猫就变成一个马车夫。

"好了，可以上车了。"老婆婆对灰姑娘说。

但灰姑娘不肯上车，于是老婆婆说："咦，为什么不快上车？"

"可是，我……"

"噢！我这个老糊涂，你穿这身脏衣服怎么去王宫呢？好，好，你稍等一会儿。"

老婆婆口中念念有词，然后用拐杖触摸灰姑娘的衣服。"噢！"转瞬之间，灰姑娘的脏衣服已经变成耀眼夺目的新衣。"哇！好漂亮呀！"灰姑娘不由得大叫一声。她从出生到现在，还没穿过这么漂亮的衣服呢！老婆婆又拿出一双漂亮的水晶鞋给她。"这么一来，你就是个漂亮的公主啦！"老婆婆说。④

"老婆婆，谢谢您，我去啦。再见！"灰姑娘对老婆婆说。"孩子，别急，记住一定要在午夜十二点以前回来，过了十二点，一切都会变成原来的样子。"

漂亮的公主催赶着马车，向王宫驶去，心里无比兴奋和紧张。

交流平台

① 平平的叙述，但已勾起了矛盾冲突。

② 一个突发事件，引出故事的发展。

③ 再写灰姑娘伤心。

④ 伤心至极往往是大的转机，童话往往就这么峰回路转。

《灰姑娘》的故事具有传统童话故事中宣讲因果报应的特点。故事中，魔法师老婆婆的出现，让人眼睛一亮，心头一亮。这一段很有想象力，已成为经典，多少年来一直是各种艺术样式的传统桥段，也被后人在新剧本创作中传抄。

但《灰姑娘》并非是我们不能逾越的高度。我们完全可以写出跟她一样好的童话故事。毕竟，我们可以读到许多夏尔·贝洛未曾读过的童话佳作，不是吗？

那么，请你拿起笔，展开想象的翅膀，写吧！

请你尝试

1. 英国著名的诗人、戏剧家、童话家王尔德有一篇脍炙人口的童话故事叫《快乐王子》，你读过吗？它表现的是舍己为人的美好善良的情感，真令人感动。而且，作品文字优美典雅，对话十分精彩，人物性格鲜明。你可以模仿它，试着写一篇《快乐的小猪》。

2. 玫瑰，美丽而且意蕴丰富。她向来是童话作家的宠儿。相关的名作有格奥璐依奇的《珍珠玫瑰》、比尔·加玛拉的《自由的玫瑰》、格林的《玫瑰花》《玫瑰小姐》，等等。请你以《________玫瑰》为题，编织一个新的玫瑰故事，表现对善良、诚实、智慧、勇敢、勤奋等美好情感的追求。

3. 上网阅读《夏洛的网》，接龙互动创作童话《贝尔和他的朋友们》。

建议操作方法：先由五位同学写出五种不同的开头，任由同学们挑选自己喜欢的一种接下去写，以此类推。

要求：借助可爱的动物，用拟人的手法写出人情味，表现对生命的尊重和关爱、对弱者的同情和帮助，表现群策群力、团结协作的动人情景。

4. 琉璃梦工坊

提示：在“琉璃梦工坊”里，每一件精致的琉璃作品都有一个美丽的童话故事。

第三课　铁板铜琶少年狂

青年人充满活力，像春水一样丰富。

——拜伦

写作跳板

少年的心有多高？——天有多高，心有多高。

少年的心有多大？——地有多大，心有多大。

少年的心有多深？——海有多深，心有多深。

十三四岁的少年，如诗，如梦，如荷花蓓蕾，亭亭净植，不染尘滓。

不要说我们幼稚。我们有理想，我们有希冀，我们有热烈执着的追求。我们希望天空永远蔚蓝，希望云儿永远洁白，希望大地永远绿意盎然……我们追求自由自在，我们爱自由地幻想，自由地支配自己的时间，自由地走自己的路，我们渴望自由地设计自己的未来！

不要说我们狂妄。我们浪漫，我们也现实。我们理解父母的苦心，我们懂得生活的艰难，我们宽容上苍的不公，但我们从不退缩前进的步伐，不放弃对自我的高标准。我们谨记"艰难困苦，玉汝以成"的古训，愿意在磨难中练就刚强的意志，为我们实现理想打下坚实的基础。①

哦，十三四岁的少年，是铁板铜琶奏出的歌，坚强、执着、勇敢、智慧是它的主旋律。让我们用笔记录这些"歌"，开创新时代"少年小说"的新气象；让优秀的少年形象激励更多的少年郎；让虚构的艺术形象充当我们的代言人，与成年人交流彼此的价值取向，让文学创作成为我们与这个世界对话的沟通渠道。

写吧，先以你身边的同学为原型，开笔！②

交流平台

① 写写少年狂又如何？

② 写自己，写同学，写身边的同龄人。

学生习作

放羊的女孩

“大哥哥，你……要蘑菇吗？”身后，一个怯生生的童音问。

我忙回转头，眼前，站着一个十岁左右的女孩，孱弱的身子，穿着小红褂，发辫乌黑，眼睛像一泓秋水，挎一只盛满蘑菇的小篮。这不是我在大山那边看到的放羊的小姑娘吗？——刚下汽车，我边在崎岖的山路上走，边欣赏久别的迷人的故乡山水。草坪上，一群羊像一片白云，一个小姑娘拿着羊鞭，偏着脑袋，大眼睛忽闪忽闪地看着我的网兜——没注意，她竟随着我走了不算近的一段路。①

“你卖吗？”我打量着这小姑娘，反问道。

“不……”她垂下睫毛，不自在地用脚踢着地上的小草。

不卖？那怎么问我要不要呢？我莫名其妙了。

“我……”她好像是鼓了鼓勇气，抬起头来，“我……我想换你那本书……”她的大眼睛扑闪着，充满着恳求。②

噢，她是说我兜里的书！我笑了，问道：“你识字吗？读几年级？”

“我……退学了，读到四年级。”她眼里的光暗淡下去，小手摆弄着篮子里的蘑菇。

“退学了？”我诧异了，她还这么小呀！“你不爱读书吗？”

“怎么不爱？”没等我说完，她就抢着说：“是我妈让我退学的。”

我很奇怪，现在农村都富了，怎么还有不让孩子念书的家长呢？

“爸妈下田，没空放羊，就让我退了学放羊……”③

好可怜的女孩！我问：“你学习好吗？”

“嗯。我在学校里考试总得第二，比第一名只差几分呢！我不愿退学，妈就把我的书包藏起来……老师怎么劝也劝不住她，就嘱咐我，退了学也别忘了学习，以后有了机会还让我复学。可是，我只有几本书，不够学……”她说着，眼里涌出亮晶晶的泪珠。

一股热浪冲击着我的心扉。我能为她做点什么呢？我毫不犹豫地把所有适合她看的书拿出来，递给她：“这些都给你吧！”④

她眼里立刻闪出欣喜的光，把小手一擦，接过书，就往我网兜里倒蘑菇。我不要，她急了，把蘑菇倒在路边的草丛里，转身跑了。

啊，这可爱的女孩，她，什么时候才能复学呢？⑤

交流平台

① 巧设悬念。

② 又写“眼睛”，第几次啦？眼睛是心灵的窗户，本文多次写“眼睛”有何深意？

③ 对话处理很得体，语言符合人物身份。

④ 这个细节描写有点做作，目的为强化主题，是好的，但须再推敲。

⑤ 问得深沉，发人深省。

请你评点

写人，少不了细节，本文哪个细节最精彩？

佳作借鉴

猎熊的孩子（有删节）

[美]杰克·伦敦　黄衣青　译

从前有一个人，名叫基色，住在紧靠北冰洋的岸边。

基色父亲死后，他便跟他母亲过活。他们陷入穷苦的环境里。①

一天晚上，在领袖克劳斯·克温的一间会议厅上，基色突然出现，他像成年男子一样，威严地站着。

“说真的，”他宣布着，“我和我母亲分得的一份肉，这肉又老又硬，并且中间的骨头太多了。”

大家听了都呆住了。这小孩竟敢说大人的话，并且还敢当着他们的面，说出这样无礼的话。②

“揍他！”有人喊起来，“把这小孩赶出去，他还没有长到跟我们说话的时候哩！”

基色咬紧牙关，走出冰屋，不管他的背后有多少嘲笑的话。

第二天，他向紧靠着冰和陆地交接的地方出发了。他带着弓和用尖锐骨做尖头的箭，背着他父亲打猎用的大矛出发了。人们摇摇头，说这是不会有好结果的。

一天又一天过去了，第三天，出现了强烈的大风雪，基色的踪影也不见，他妈妈愁苦地拉着头发。

可是第四天早晨，基色肩头挂着肉，回到了村里。

他威风地说：“男人们，快带上狗和雪橇，顺着我的足迹，走一天，在那里有一只母熊和两只小熊的肉，等你们去取。”③

他的话大家不大相信，打白熊，并且打带小熊的母熊，这要冒三倍大的危险，这小孩怎么能完成这奇迹？但女人们证明说他的确已带了小熊肉回来。最后他们还是聚集在一起出发了。但当他们到达那地点时，他们看见基色不但打死了母熊和小熊，并且还挖清了内脏，按照打猎规矩，把每只熊分成了四块。

村里有人嫉妒他，说他打猎成功是魔术，是精灵帮助他。

基色跟他父亲一样，分配熊肉时，使最老的老头和衰弱的妇人，都能获得公平的一份肉。留给自己的，也不超过他自己的必需以上。人们开始尊敬他，许多人说在老克劳斯·克温后，就要选他当领袖。④

基色打猎这么神奇和秘密，大家很惊讶。有一次，克劳斯·克温严厉地对基色说：

"你自己说吧,你猎熊是怎么使用魔法的?"

基色笑了起来,说:"我是靠聪明,不是靠魔法。"

克劳斯·克温继续说:"你……你……能向我们揭开这个秘密吗?"

"好吧,我来向你揭开这个秘密。"他说,"你拿一块鲸油,把它捏成一个小穴,然后把紧紧弯曲着的尖利的鲸须嵌在这个穴里,再用一块鲸油封牢。然后拿到冷空气中,就成了一个冰冻的小球。熊吞了这个小球,油融化了,鲸须就在它的肚皮里伸直起来,熊就不好过了。当它十分难受的时候,你走近它,用矛杀死它。这一切是很简单的。"⑤

克劳斯·克温说:"哎,呀!"

接着大家都明白了。

交流平台

① 非常平实的开头,叙谈一个英雄的传奇故事。

② 基色的气概、正义、勇气,已从他的语气、姿态中得到了体现,令其形象脱颖而出。

③ 新的悬念一层一层冒出来。

④ 基色已占了上风。

⑤ 基色的妙法中融会了作者对民俗、对猎人生活的经验与见识。

小说充满浪漫的英雄主义传奇色彩。难能可贵的是,这位少年英雄基色并非天才,而是个原本孤苦的小人物,他是在要求公平对待却被横加斥责后才走上英雄之路的。这一点,颇为深刻。同时,杰克·伦敦在对猎人生活的描绘中体现了他深刻的生活智慧和厚实广博的知识面。这也是创作的基础,所以作家要深入生活,采集民风。

有了生活,有了基础,可别忘了把它编成故事呵。

请你尝试

1. "自古英雄出少年"。体育界自不必说,艺术界、科技领域中也有大把少年才俊。所以,你完全有理由相信自己的某种天分或爱好将来有一天会发展成为一种傲视群雄的才干。请为自己设计"英雄之路"吧,虚构一个人物,撰写一篇充满英雄主义色彩的小说。

2. 历史上有不少帝王将相在少年时代就初露锋芒,你能说出他们的名字吗?

康熙、霍去病、岳飞……不胜枚举。阅读他们的传记,你将更全面地认识"英雄",试以某一个历史人物为原型,杂取种种,塑造一个理想中的英雄。

3. 我们当代少年对英雄有着更为宽泛的界定。一场体育比赛,就可以有"英雄"脱颖而出;一门学科的佼佼者,也是大家崇拜的小偶像……其实,这种热情关注、赞许、崇拜的情感,正是鼓励和促进英雄成长的土壤。所以让我们把眼光转向我们的周围,以身边的同学为素材,写一写小小少年的英雄壮举。

4. 新灌篮高手

第四课 “触电”的感觉

> 要评论一出戏的优劣，必须等到剧终。
>
> ——赫里克

写作跳板

长这么大，你有意识去看，并且最愿意去看的是什么？

大部分同学的回答肯定是电视。电视有那么大的魔力，有时甚至令你欲罢不能，即使是到了最关键的考试时期，你也不愿落了一集连续剧。应当说，电视，同你有着非常密切的关系。①

但到现在为止，你认真地写过有关电视剧的文章吗？

看了那么多电视剧，与电视节目有那么深的感情，怎么就不能写一写电视呢？

先写电视的诱惑。为何离不开电视？电视的魅力在哪里？把你感受最深的几点写出来，不就成了吗？

你爱看《米老鼠与好朋友》吧。那写一写米老鼠的可爱，写一写唐老鸭的可爱，写一写普鲁托的可爱……

爱看《猫眼三姐妹》吧。那写一写三姐妹的智慧，写一写三姐妹青春靓丽的动画造型，写一写一波三折的曲折故事……

爱看歌星的专题节目？那写一写你心中的偶像。

还有，你不爱看什么？为什么不爱看？看什么特别乏味？是怎么个乏味？

还有，你是不是还喜欢看电影？喜欢看什么样的电影？爱看《精灵鼠小弟》？爱看《哈利·波特》？爱看这些电影的什么？

其实，无论是电视还是电影，都是你宝贵的写作资源。你如果能把这些同你的生活联系起来，把它作为你生活的一部分，那将为你打开更为广阔的写作空间。②

有的同学可能受以前命题作文的影响，怕写观后感之类的文章。这是“写作思想不解放”的缘故。不要一听到观后感，就以为是要谈什么教育意义。“观后感”重在“感”字上，只要是你的“感受”，无论是什么内容，都可以写出来，哪怕是你的想象。

当然，要使自己的观后感写得更专业，或者说要把你的观后感上升到影评的层次，还需要了解一些有关电影、电视的基本知识，比如电影、电视的拍摄技巧，长镜头，大特写，小道具……有兴趣的同学不妨到图书馆或书店找一找这方面的书来读，将会有更多的收获。

媒体把参加影视片拍摄称为“触电”，我们也可以把因看电视、电影而受到触动叫“触电”。说白了，观后感之类的文章就是写这种“触电”的感觉。

交流平台

① 有不少家长限制甚至不让孩子看电视，语文老师应理直气壮地鼓励学生看电视。因为电视也是一种文化。

② 不仅是看热闹，还须看门道。

学生习作

由影片《哈利·波特》想到的

《哈利·波特》讲述的是关于魔法的故事：主人公哈利·波特进入了魔法学校，他在里面学会了许多魔法，成为优秀的找球手，又有了两位非常要好的朋友，朋友又教会了他许多事。

这是一部非常优秀的影片，它教给了孩子甚至大人一些道理：珍惜友谊，要勇敢地面对困难，要爱憎分明……在哈利身上体现出来的这些精神，正是我们应该学习的。例如，哈利被表亲家欺负，他却一直不卑不亢。这给了我们很大的启示：考试不好，不要消沉，要以此为动力，发奋图强。①

看到这部优秀的影片，我想到了当前中国影坛、文坛的一些不好的现象：适合青少年口味的影片和书籍太少，一些影片和书籍全是讲述成人间的争斗与恩怨，并不适合我们青少年欣赏。我们缺少像《哈利·波特》这样的影片和书籍。为何《哈利·波特》如此受中国青少年儿童的欢迎？许多孩子都说喜欢哈利的机智、勇敢，喜欢电影中的重重悬念以及“魔法”。孩子们在欢笑中，既开心，又学到了做人的道理。这怎么会不受欢迎呢！在如今这个科技发达的世界中，孩子们成长得比较快，接受新事物的能力比较强，自然不会喜欢古板的影片和书籍，而许多国产片和书籍只重教育而不重娱乐性，异常古板。更甚的是，故事全无新意，看了前面就能猜到后面的内容。很明显，这是把教育摆在了第一位。其实，每个孩子都希望能看到优秀的国产片，看到适合我们看的好书籍，不喜欢空洞的说教。其实，孩子们都很懂事了，大人又何必始终把我们当成婴儿……②

所以，我也希望中国文坛多提供一些适合孩子们看的书籍，让孩子们有好书读；多创造一些适合孩子们看的电影、电视，让我们不会“只为读书而读书”……这些，就是我看《哈利·波特》而想到的。

交流平台

① 两者是否有些牵强？

② 应说说《哈利·波特》究竟新在何处。

习作把自己观看《哈利·波特》后的“真感受”写了出来。这一个“真”字非常重要。为什么？许多同学总把观后感想得太“正经”，常常不敢把观后的“真感受”写出来，而是写一些假话、套话，这是思想禁锢的表现。

关于这篇习作，还有一点值得注意，就是写法比较随便，没有什么大架子，语言也比较随意，没有斧凿。但也正是这样，文章给人粗糙的感觉。

请你评点

习作对《哈利·波特》本身评论较少。你认为这么处理好吗？

佳作借鉴

《珍珠港》N个看的和N个不看的理由

佚 名

美国大片《珍珠港》今日开始在古城全面上映。作为一个被媒体宣传得纷纷扬扬的好莱坞大片，这部影片不仅吸引了千千万万的中国观众的目光，同时也像它在本土遭遇媒体猛烈批评一样，在中国，这部片子也不可避免地受到了很多批评。

看《珍珠港》的N个理由

理由一：这样宏大的题材值得看。

《珍珠港》是一部二战题材的战争片。日本偷袭了美国的珍珠港，这场偷袭在人类的历史上留下了难以磨灭的一幕。而在电影中，这场战争的宏大场面和深刻的教育意义也吸引了一大批的观众。

理由二：电影的大气美丽值得一看。

我们在《珍珠港》这部片子中，可以看到夏威夷的绮丽风光，感受到浓厚的美国风情，把我们带入一个神奇的海上世界。

理由三：动人的故事值得一看。

在《珍珠港》中，人们将看到一个个惊心动魄的故事。其中一个感人的题材，就是飞行员和美丽护士之间的生死恋情。

理由四：这是一部暑期的“消夏片”。

《珍珠港》不仅因为它的题材吸引了观众，而这部影片安排在暑期档，也可谓是特意的安排。因为大家都知道，暑期档是除了贺岁档外的又一个重要的上映档期，许多观众可以在炎炎的暑热中享受一份独特的刺激……①

不看《珍珠港》的N个理由

理由一：题材有些拼凑。

《珍珠港》的题材和故事尽管吸引人，但我们看到了拼凑的痕迹——既有《泰坦尼克号》的影子，又有《拯救大兵瑞恩》的风格。战争的惊心动魄被爱情的主题“拖累”，而爱情的主题也不像《泰坦尼克号》那样展示得足够充分。

理由二：主题有些偏离。

《珍珠港》的主题有两个——爱情和战争，但过多的爱情使得战争的味道明显减弱，而爱情的主题也因为女主角同时爱上两个男人，使得大家兴趣大减。

理由三：节奏过于拖沓。

一个并不忠贞的爱情和一个没有多少战争的战争片，这或许就是电影《珍珠港》失败的地方。而这部片子居然一放就是三个小时，这样拖沓的节奏，使得一些观众不知道它在表现什么。②

交流平台

① 四个理由并列，读来很清晰，又有说服力。

② 看的四个理由和不看的三个理由，对比强烈。

文章有三点值得借鉴：

1. 直言快语，读来痛快而亲切。观后感就是把你的感受直接说出来，没有必要拐弯抹角。

2. 条分缕析，使文章脉络清楚又浑然一体。当你有很多意思要表达的时候，就需要理出一个头绪，然后逐条分述。这样有时虽然给人板正之感，但简洁明了，比含糊不清显然要好。

3. 心中有读者，容易与别人沟通。这篇文章把自己融入观众之中，以一个普通观众的身份出现在文章中，就与观众（在这时也就是读者）打成了一片。写文章多是给别人看的，因此写作时心中有读者，为读者着想，是很重要的。否则，自言自语，自说自话，你自己可能非常清楚，但读者会莫名其妙，这是要极力避免的。

请你尝试

1. 我的电视观

提示：总结自己看电视的得失，提出自己对电视的看法，与同学交流。

2. 期待精彩的电影

提示：谈自己对电影的看法。

3. 一部不得不看的电影或电视剧

提示：“不得不看”的理由应在三条以上。

4. 偷看电视偷着乐

第六单元

精彩生活每一天

生活，是一本打开的大书，我们每一个人都是书里的主角，我们的智慧和精神点染成“书”的精彩。

在这个大千世界，每一个生命的舞动都演绎着一幕幕无字的剧本，每一次思想的火花都铸成一道道灿烂的光辉。精彩，已不能仅仅用瞬间来计量。优雅与热烈、激情与冷静、悲剧或喜剧、眼泪或笑容……五光十色包容了整个世界。闭上眼睛，深呼吸，在满纸满手的笔墨味中，你会闻到一丝淡淡的花香。这就是生活。在你不经意的地方，总有别样的发现。

生活本来就是精彩的，只是我们忽略或淡漠了它。那我们又何必拘泥于狭小的书桌，而让心灵拘束在单调中呢？

背上行囊，走进自然，走进社会，去体验生活的精彩。在融融春光中，自然的新意在萌发；在攘攘人群中，伟大的思想在吟唱；在巍巍建筑中，古老的文化在诉说……

语文，并不仅仅是单纯的阅读和写作，它包括对生活的探索和思考。生活的精彩与书本的精彩交相辉映，构筑起我们精彩的学习生活。

精彩生活每一天，我们携手走进……

本单元，我们将边设计各项活动，边学习各种实用的文体。这是一种创新的作文形式，请同学们注意它的活动性和全过程。另外，本单元的体例也与其他单元有所不同，如一课内有两个“写作跳板”，或略去了“习作参照”“佳作借鉴”等板块，这也是由内容的需要决定的。

第一课　春风又绿时

春天，我们与大自然一起编织绿色。

——编者

写作跳板

春天已经来了，你感觉到了吗？

江南的春天一向脚步儿忒勤，时节才刚刚过完早春（农历二月），到处已是春风荡漾、春意盎然了。瞧，马路边、街道旁，梧桐染绿了枝头；溪桥下、波光里，杨柳温柔了丝绦；公园的草地、花坛、树林间更是姹紫嫣红开遍……①

星期天，当我徜徉在街头，漫步在花园，感受春光无限好的时候，你们知道，萦绕我心头的是什么？

——快乐？

——歌唱？

——想飞？

都不是。真真切切地，萦绕我心头挥不去的，竟是“独乐乐，与人乐乐，孰乐”的问题，竟是“这次第，怎一个人独自消受了得”的叹息。

于是，我索性就把春天给你们带回来了。看！这里全是可以栽种的花苗树秧。我们一起动手把它们种植在校园的道路旁、操场边、教学楼前，一年四季让绿树鲜花伴我们晨读晚习，陪我们散步聊天，倾听我们诉说心曲……②

心动吧？行动吧！

且慢！虽然这是件好事，但还是先请求校长的批准，这是必需的尊重和礼貌，也是必要的手续。

那我们就一起来给校长写信，言辞恳切地说明我们的请求，陈述我们的理由，表达我们想要绿化校园、净化空气、优化学习环境、美化生活的热望吧！③

既然是写信，就得有一定的格式，称谓、问候、正文、致敬、署名、日期，一项都不能少。

交流平台

① 尽可能地丰富生活体验，尽可能地拓宽写作领域，这是提高写作水平的重要途径。
② 让作文课走出课堂。多好的主意，一起动手播撒春天。
③ 就从学习写信开始。

学生习作

给校长的一封信（初稿）

敬爱的校长先生：

我是初一(4)班的夏雪，我是想来向您申请让我组织同学们在校内搞一个"绿色营地"的。

在新的世纪，人们越来越注意到环保的重要性，对于我们初中生而言，亦是如此。马上就要迎来3月12日的植树节了，我希望那天"绿色营地"的活动可以风风火火地搞起来，让我们也为环保出一份力。

上海是一个国际化的大都市，在世界舞台上有着重要的一席之地，世界上许多国家都密切注意着这颗东方的明珠。在中国加入WTO之后，在上海积极期待2010年的世博会之时，世界目光的焦点更落在了上海。

上海的市容正飞速地发生着变化，高楼林立，绿化却逐渐隐退，城市热岛效应也日趋严重，所以，市政府才不惜花巨资建中心绿地，整治苏州河，积极美化上海市容市貌。①

作为上海发展的接班人，我们不要只盲目地追求快速发展，而要走可持续发展的道路，要懂得环境的重要性，但这些都要从小培养。②

所以，办一个"绿色营地"，不仅能让同学们知道每一棵树栽种的不易，更可以培养同学的责任心。

这个计划是我们班全体同学的构想，计划书也写好了，对于树木知识的准备也很充分，望您予以批准。③

致礼！

班长夏雪代初一(4)班全体同学
2002年3月9日

交流平台

① 在校长面前讲大道理，不妥。
② "不要……而要"这样的口气好像在教训人，也不妥。
③ 计划可大致介绍一下。

学生习作

给校长的一封信（修改稿）

敬爱的王校长：

您好！

感谢您在百忙之中抽空展读这封信，我恳请您耐心地倾听我的请求。①

我是本校初一(4)班班长夏雪。今天，我代表我们全班同学郑重地向您提出申请——在今年植树节搞一次大型的绿化校园的活动。②

王校长，每次我经过您的办公室，总看见您的桌上、窗台上和办公室角落里都摆满了植物花卉。相信您也是个热爱绿色、热爱自然的老师，相信这生机勃勃的绿树红花也一定为您消除过工作的疲劳，给您带去过精神的慰藉。大自然的植物花卉就是有这般神奇的力量。③

一年一度的植树节即将来临，全社会都在热心致力于绿化环保活动。我们初一(4)班全体同学希望借此机会为我们美丽的校园再添一笔绿意，再添几许亮丽的风景，让我们的校园春有桃花争妍，夏有清荷送爽，秋有丹桂飘香，冬有蜡梅傲雪……当我们漫步校园，置身于树林花丛，蝴蝶在身边翩跹伴舞，清风徐来，花香袭人，好不惬意！④

其实，在我们初一学生中还有很大一部分人并不懂得爱护草木、美化环境的意义，并不懂得热爱劳动和珍视别人劳动的成果，而“植树护绿”活动则能提供我们一个很好的学习机会。在我们挥洒汗珠，播种树苗，观察小树一天天成长的过程中，相信我们所获得的一定超乎现在所能想象的所有。

敬爱的王校长，请您答应我们的请求吧！我们全班同学热切地盼望得到您的支持。⑤

敬祝教安！

初一(4)班班长　夏雪

2002年3月9日

交流平台

① 寒暄、客套在书信中应有一席之地，表现出有分寸的礼貌。

② 自我介绍后即说明写信意图，语言干净利落。

③ 交流感情很有必要。

④ 勾画蓝图，表达对美丽的校园、良好的学习环境的热切向往。

⑤ 再一次提出请求，态度诚恳。

仔细阅读上面的两封信。注意两者的差别，体会一下第二封信为何这么改。你认为哪些地方还可以改？

请你评点

信中对未来校园的描绘，你认为写得如何？

佳作借鉴

傅雷致耶鲁音乐院赛蒙斯院长的信

敬爱的院长：

我在八月十六日致函保罗·欣德米特先生，让他知道他的唯一的中国学生，也是我国现今仅有的作曲家谭小麟去世的消息。①谭从一九四二年到一九四六年在贵校，曾以他的《弦乐三重奏》获杰克逊奖，也许您还有所记忆。由于未能获得美国方面的任何回音，我在十月六日，也就是两天前，又再度写信给欣德米特先生，问他愿不愿意为我们正在筹备的谭氏作品专集作序。昨晚在一个偶然的机会里，我才知道欣德米特先生正在休假，可能不在纽海文。因而我冒昧地请求您把贵同事的现址告诉我，以便我能和他取得联系。如果能够以可靠的途径将我十月六日那封挂号信转给欣德米特先生，就再好不过了。那封信应该会和本信同时到达贵校。②

我们一群谭的老朋友已经组织了一个纪念委员会，准备：一、开一场音乐会纪念他；二、编辑他的作品；三、从这些作品中选出一些有代表性的来录音。③

我深信您一定会助我一臂之力，盼速回信，并请接受我的致意。④

傅雷

一九四八年十月八日

如果能以空邮回复，我将十分感激。又及。

交流平台

① 没有什么客套话，把最重要的事写在前面。

② 解释原因，提出请求。

③ 准备做的几件事表述得一清二楚。

④ 情真意切，不能不让校长接受。

傅雷这封信，言辞恳切，字里行间流露出对谭小麟的诚挚友谊、由衷推重和深切同情，令人感动。他为出版谭小麟作品集所做出的不懈努力，以及他对中国新音乐发展的独到见解，实在让人感佩。因此，他的恳请最终也得到了圆满的结果：欣德米特为谭小麟的作品集写了充满深情的序文以为纪念。这是欣氏唯一的一次为东方学生的作品集写序，这弥足珍贵的序文将永存中西音乐交流史册。

请你尝试

1. 下面是初一(4)班"春风又绿江南岸"植树节活动的计划书。请参照此计划书，仿写一份"学生金秋十月艺术节"计划书。

"春风又绿江南岸"植树节活动策划书

活动安排	写作指导	综合能力开发	人文精神培养
给校长写信，申请植树	注意书信格式；语言得体		以热情、诚恳的态度认识环保，美化生活
出海报，倡议植树	学写倡议书(注意场面描写、神态细节描写，想象同学们读海报的情景)	美工能力 交际能力 想象力 观察力	关注他人
谈心，动员植树 (设想哪类同学不愿参加植树劳动，他们的理由或原因是什么)		分析能力 口语交际能力	关心他人、学会沟通
写企划书； 电脑制作植树效果图	学写说明文字(图表说明、文字说明)	运用现代技术的能力 审美能力	爱美、爱科学
编排合作组； 写方案，优化组合编组植树		组织能力	团队精神协作意识
记叙、描写劳动中的人和事	掌握记叙六要素； 突出人物言、行、神貌描写； 尝试漫画作文	绘画	表扬先进
介绍各种植物及相关栽培知识； 抒发植树节劳动的感受	掌握说明的几种方法，抓住事物特征来说明； 抒情融于记叙之中		爱科学，爱探究； 歌颂劳动，体会劳动的辛劳，懂得珍视别人的劳动成果
关怀小树的成长，介绍植物养护知识； 救治病树； 上网或查阅工具书，对症下药； 请教生物老师或农艺师	撰写观察日记，描述症状	观察力 自学能力 社交能力	细心呵护弱小的生命，培养爱心； 用心动情地对待周围的人、事、物

2. 四月的春天，我们用绿树装扮大地，我们用风筝点缀天空。约上三五好友，合力制作一只独具创意的风筝，让少年人的心情与梦想在风筝节上尽情放飞。

3. 在游子的心中，最美味的食物一定是母亲做的菜肴。那么在母亲的心中最美味的食物是什么呢？对，是孩子亲手烹饪的菜肴。还犹豫什么呢？快快行动起来，搞一次厨艺大赛。向人请教也罢，自学成才也罢，学做一样拿手菜。在母亲节，请你的母亲品尝一下你的手艺。

4. 还记得小时候用木片削成的第一把手枪吗？抑或是火柴盒搭建的家园？俯手可得的普通材料，经过一番奇思妙想和巧手打点，竟又焕发出新的光彩。举办一次“心灵手巧小制作”活动如何？用一些便宜又简单的材料，尽情展现你的创造力。

第二课　过把舞台瘾

在神秘的帷幕后面，是一个尚未展现的奇妙的世界。

——哈特

一、前期宣传

写作跳板

俗话说：酒香不怕巷子深。可在如今这个社会，再香的酒也得靠勤吆喝才能让人知道。好的宣传，已成为一件商品、一部作品乃至一个创意或想法提升知晓度、影响力的必备要素。

设想一下，你们学校要搞课本剧会演了，还要评选最佳剧本，最佳男、女演员，最佳……热爱戏剧的你是否早已摩拳擦掌，跃跃欲试？

可是，独木不成林，一个篱笆还要三个桩呢。于是，你满怀期待地将目光投向四周——他适合写剧本，她是当然的女主角，还有他、她、他们……有了这些亲爱的同学们的加盟，你的戏剧梦定能实现。①

然而，当你满腔热忱地向他或她发出邀请时，他们也许会淡然地说："哦，演戏呀，不感兴趣！"也许会怀着歉意说："可惜我功课太多，自顾不暇。"也许还会有人疑惑地说："我能干什么呢？"

怎么办？

试试看，把你对戏剧的激情诉诸文字、图案、色彩，以激情激发激情，让你周围的人了解你的想法，感受你的热情，与你一同领略戏剧之美。

写一个小小的招聘广告如何？

好主意！用简练的文字，将你的宏伟计划清晰传递；让具有感染力的语句，悄悄地渗透到每个人的心里，把他们的热情点燃。②

交流平台

① 这是一个有关戏剧表演的系列活动。每一项都涉及写作。

② 让作文走向实用，也是时代的需要。

学生习作

招聘广告

并非只有大胡子和光头才能成为名导，墨镜与明星也没有什么必然的联系。

我的舞台我自己建造，要让每个人知道。写出属于你我的故事，演绎不同的角色，发挥你的创意。校话剧社诚邀阁下，导演、演员、编剧招募中。①

具体招聘岗位及人数：

导演1人，主要演员10人，道具制造3人，群众演员若干。

应聘条件：

1. 导演：需具备良好的创新意识和管理能力。
2. 主要演员：五官端正，具有表演能力。
3. 道具制造：具备良好的创新意识和动手能力。
4. 群众演员：有表演欲。

有意者请将本人简历于12月20日前投至学生会信箱。

期待您的加盟。②

交流平台

① 诙谐幽默的语言极具冲击力。这样的开场白任谁也不会错过。

② 简洁明了的句式，精炼扼要的措辞，招聘要求一望即知。

看！你亲手撰写的广告为你找到了一群志同道合的朋友和合作伙伴。初战告捷，英雄有用武之地了，快哉！

接下来是拟写演出海报，制定演出计划。因为篇幅关系，这些写作训练只能略过去了，如有兴趣，不妨动笔尝试一下吧。

二、创作（或改编）剧本

写作跳板

喜欢《哈利·波特》吗？小说和电影有什么不同呢？是前者的情节更加丰富曲折，还是后者的画面更加生动精致呢？为什么小说的情节已烂熟于心，还要和好朋友一起走进影院，再次感受魔法石的神奇魅力？

也许你会说，因为这个演员我喜欢。可是演哈利·波特的小演员是初上银幕的新秀，在此之前，他可不是什么家喻户晓的大明星。

也许你会说我喜欢那些画面，它们和我读小说时想的一样。可是，是什么让你觉得电影版作品似曾相识但又与文字版原著并非完全相同呢？

你知道吗，电影也罢，电视剧也罢，舞台剧也罢，所有的表演都离不开最初的那个剧本。一个优秀的改编剧本能使人们即使已经知晓戏剧情节仍饶有兴致地观看全剧。这也就是为什么我们总说："剧本，剧本，一剧之本。"

尝试一下，或许就是你，写出了让老师和同学刮目相看的课本剧剧本。

不过先别忙着动笔。首先你得挑一篇你真心喜爱的文章，用心地读上几遍，在头脑里想象一下那些深深打动着你的文字变成画面会是什么样。然后再考虑一下，在一个固定不变的舞台上，你将如何把你喜爱的这个故事与大家分享？我们写文章有第一段、第二段……那么剧本就有第一幕、第二幕……对，按照这个顺序将你的故事娓娓道来。①

交流平台

① 将小说改编为剧本，是两种文体之间的转换，其中有大学问。

学生习作

项　链

第一幕

时间：某一天晚上

地点：路瓦栽家的小客厅

人物：玛蒂尔德(路瓦栽夫人)、路瓦栽

(屋内摆设简单，中央的桌子上一件粗制的器皿中，刚煮好的肉汤冒着香味。路瓦栽夫人拿着镜子，斜靠在沙发上端详自己)

玛：(放下镜子)为什么上帝如此捉弄人！既赐予了我美貌，却又要使我与这寒碜的房子、陈旧的家具、庸俗的衣服共处。这真令人痛苦！

(站起身走到桌旁，望了一眼桌上的肉汤)生活为什么是这样！我应该住在高雅幽静的寓所里，那里装饰着东方的帷幕，点着高脚的青铜灯，陈设着珍奇的古玩。每日品尝着山珍海味，只有华丽的衣服才能配得上我。对了，还要有几个随从。这样

的生活该有多好啊！（陷入了幻想中）①

（路瓦栽兴冲冲走进了房间，手里还拿着个大信封，进门后被桌上的肉汤的香味吸引住了）

路：啊，好香的肉汤，再也没有比这更好的了。

玛：（百无聊赖地望了他一眼）你拿着什么？

（路瓦栽把信封给玛蒂尔德）

玛：（从信封中抽出张帖子，读）原来是教育部长邀请我们参加舞会。

路：（兴奋）怎么样？多大的面子，在那儿你能看到政界的许多头面人物。

（玛把帖子往桌上一摔，伤心）

玛：你叫我拿着这东西怎么办，你让我穿什么好？

路：（结结巴巴）你上次去戏园子穿的就不错，依我……

（玛哭了起来）

路：怎么了？你怎么了？（慌张）

玛：没什么，只是没有像样的衣服，我宁可不去参加舞会。

路：（心软了）好，好，玛蒂尔德，咱们商量一下，一套像样的在别的场合也可以穿的很朴素的衣服要多少钱？

玛：（思索了一会儿）我也说不上，不过有四百法郎就能办到。

路：（自言自语）天哪！这正好是我买猎枪的钱！可怜我存了三个多月。（脸色有些白，咬咬牙）好吧，不过衣服要做得好看些。

（路瓦栽夫人兴奋得跳起来，热烈地拥抱路。忽然又想起什么事，顿时黯然）

玛：可是……可是我……没有一件像样的首饰，太穷酸了。

路：要什么首饰呢？戴一朵鲜花不是很好吗？就像去年……你怎么了？玛蒂尔德？哦，不，别哭，别着急，你一定要首饰，是不是？来，让我们想想办法。对了，你的朋友，佛来思节太太，她那么有钱，你跟她那么好，可以请她帮忙。

玛：（惊喜）真的！我怎么没想到呢？哦，皮埃尔，你真是太聪明，太可爱了！要知道一件像样的首饰对我是多么的重要，现在可好啦！②

交流平台

① 小说中对于路瓦栽夫人内心世界的描写，在话剧中只能由独白的形式表达出来。

② 一连串的情节，全通过对话展开。

剧作者把情节适当地调整过了。如这一幕，就是把原著中发生在同一地点但不同时间里的事情巧妙地糅合在一起，使得节奏更紧凑，而又不失原著风貌。

另外，开头部分把原著中人物内心世界的描写变成了女主角的肢体语言和独白，非常恰切。这也是从小说到戏剧的改编中最常使用的手段。

当然，这个改编剧本也有一点不足，就是过于“忠实”原著，缺少创造，表现在人物对话上，基本上都是小说中的对话，没有做进一步的充实。

请你评点

先读原著，再读改编的剧本，你认为还有什么地方可以改进？

请你尝试

1. 在我们的课本中有不少语言优美的诗歌，它们为我们营造了一个个如梦如幻的意境。你有没有想过将诗歌改编成诗剧，保留诗的韵律，将诗中的情感用肢体语言表现出来，来试一试吧！

2. 有没有试过将沉重凝练的《雷雨》改编成明快的音乐剧？如果你是个有心人，一定找得到大家熟悉的又适合角色演唱的歌曲，把它们有机地穿插在剧中，呈现在观众面前的将是一台别具一格的音乐剧《雷雨》。

3. 选一首课本中的古诗词，了解其创作历程，再加入合理的想象，编排成一部有具体情节内容的舞台剧。

4. 请将童话《皇帝的新装》改编成课本剧。

第三课　用笔记录我们的足迹

到各处跑跑，看看经济中心或政治中心的大都市以外的人生，也颇有益，而且对于你那样的年轻人，或者竟是必要的。

——茅盾

一、边走边写

写作跳板

放飞心灵的桎梏，和那些在语文课本中见过的名山大川、胜地古迹、小桥流水来一次亲密接触。在那些英才辈出、山河壮丽之地，哪一处没有我国自古至今不朽人物的足迹？哪一处没有脍炙人口的风土趣闻？哪一处不积淀着厚重的文化意蕴。

来吧，让我们进行一次实地考察，览胜采风，跨越时空界限，驰骋绮丽的遐想，迸发青春的热情，让身心融入自然、融入历史，让我们一起进行一次文化之旅。在增长见闻的同时，学习多种文体的写法。①

大自然的奇山异水是创作的源泉，名胜古迹亦可撩起我们写作的冲动。或自然景色，或人文景观，凡能触发特有感受的景物都可纳入笔端。古人云：写景是诗家大半功夫。作文亦如此。

要写好景物，你首先须潜心观察。鲁迅先生说，对于任何事物，必须观察准确、透彻，才好下笔。天地间没有两个完全相同的事物。抓住景物的特征进行形象化的描写是写好景物的关键。自然景物有静有动，在描写时，既要能描摹出景物的各个部分、各个侧面，又要能抓住景物瞬息间的细微变化，做到动静结合。同时，可通过引用文史资料、传说故事等来充分展现景物的特色并发掘其中所蕴含的意义。其次，在写景过程中也要安排好线索和顺序，根据游踪，或移步换景，或定点观察，做到有条不紊。

“一切景语皆情语”，写景的目的是为了抒发你独特的感受和思想，因此，写景应和抒情、议论相结合。掌握了这些内容。就让我们一起出发吧，用笔记录下我们的足迹。②

交流平台

① 如今中学生动得太少，真有必要来一次“行万里路”。

② 这样的游记已不是简单的“记一次春游”之类的了。

学生习作

中华门城堡

蒙蒙细雨之中，我来到中华门古城堡。雨中的城堡，显得更加的肃穆与苍凉。倾斜的雨丝，高大的城门，斑驳的城墙，似乎在诉说着什么遥远的故事。①

走进南大门，在厚厚的城墙中有一道很深的闸槽。据说，城门中原有一扇可以上下启动的“千斤闸”，还有两扇大门。现在，门和闸都已经不存在了，但从闸槽和保存完好的石门臼，我们可以想象当时的情景。

穿过南大门，从左边的台阶拾级而上。站在城头上，中华门就尽收眼底了。从上向下看，城堡像一个陶瓮，中华门又叫“瓮城”，大概就是由此而来吧。②城堡约 100 米见方，平面呈“目”字形，由三道瓮城、四道城门组成。城墙很高，大概 20 米左右。墙体用条石垫基，上面垒砌方形巨砖。我抚摸着墙上的苔藓，无限感慨。经历了多少年的风雨，城堡仍如铜墙铁壁；经历了多少年的战火，城堡依然安如泰山。

在南面的瓮城里，我看到了有名的“藏兵洞”。瓮城上下左右共排列了 27 个半圆形的“藏兵洞”。据记载，这种藏兵洞在我国古城堡中是很罕见的。古时候，这些洞平时用来贮备军需，战时，每个洞可藏兵 3 000 多人，随时能攻其不备地抗击敌人。③

雨依然在下着，我静静地站在城堡上，似乎到了古代的战场。战鼓声声，战旗飘扬，战火纷飞。敌人进入了瓮城，这时，千斤闸迅速降落，以迅雷不及掩耳之势切断了敌军的后路，藏兵洞里的士兵如神兵天降，出其不意，万箭齐放，万弹齐发，恰如“关门打狗”“瓮中捉鳖”。场面是何等壮观！④

在瓮城的两厢，是 10 米宽的马道。我从马道两边的台阶逐级而下，台阶中间是快道，陡峻壮阔，凛凛威风。战时，它是运送军需物资上城的快道，元帅将领也可从这里策马直登城头。据说当年朱元璋视察时，就是从这儿策马上城的。

从北大门出来，雨仍在下着。再回头看一眼这历史的见证——巍巍中华门。倾斜的雨丝，高大的城门，斑驳的城墙，古城堡，你在诉说着什么?!⑤

交流平台

① 交代游览时间，用比拟手法总写城堡古老、肃穆的特点。

② 移步换景，一语归结城堡外形特点。

③ 借史料介绍城堡与众不同之处。

④ 以联想再次展现城堡作用，给文章增色添彩。

⑤ 回顾上文，收束全篇，结尾处引人遐想。

作者犹如一位导游，引着我们参观中华门城堡。文章紧扣城堡的外形特点——“像一个陶瓮”，字里行间突出了城堡的古老、壮观。在记叙见闻感受时，作者又展开了想象，跨越了时空，让人感受到城堡所凝聚的历史的厚重感。本文的介绍方位感明确，条理清楚。相信在作者特意营造的“细雨蒙蒙”的背景之下，古老的中华门城堡定会引发读者深层的联想和思考。

请你评点

游记类文章方位感要非常明确。本文在这一点上做得如何？

佳作借鉴

在咸亨酒店（有删节）

陆星儿

我在酒店外默默地站一会儿。

小酒店比左右的黑瓦房低矮，伸出的房檐倒长一些，很像蹲着的一个戴黑毡帽的小老头。① 房顶的瓦好像都换了，门楣上端的一块匾上“咸亨酒店”四个字，重新描过，金光闪闪，似乎比绍兴街上任何一家店名都神气。踩的人多，门槛毛糙了。用桐油刷过的柜台仍非常光滑。柜台里，两只高大的货架上，摆放着绍兴的各类名酒，有瓶装的，有坛装的，有的扎上红红绿绿的绸带，有的套着写着外文字母、装潢讲究的盒子。货架旁，还有几口酒缸，飘逸着一股诱人的酒香。柜台里迎接顾客的老伙计个子不高，笑容可掬，虽然忙东忙西，嘴里却一直不停地哼着绍兴大班，怡然得意，一副客不醉我自醉的神态。他是不是当年那个“咸亨酒店”老板的后代？我想。②

交流平台

① 用当地最常见的“黑毡帽”为喻，很巧妙。

② 倒装句，有错综之感。

作家陆星儿在咸亨酒店只坐了十来分钟，却把咸亨酒店描摹得详尽周全。作品的成功在于抓住了咸亨酒店的特征。作者观察细致，发现了别人难以察觉或是容易忽视的细微之处。酒店的低矮、房顶上换过的瓦、重新描过的匾、毛糙的门槛等，正是这些描写才尽显酒店的与众不同。另外，作者依次从酒店的建筑风格、外观构造介绍到内部陈设，由外入里，由上至下，使人对咸亨酒店有清楚、明确的印象。作家以其敏锐的观察力、细腻的笔法，让人身临其境。篇末妙笔“他是不是当年那个‘咸亨酒店’老板的后代?”一句又使读者遐想连篇,回味无穷。

请你尝试

1. 游________

本题要求写一篇游记。自然奇景或人文胜景都可成为你的写作对象。注意抓住景物特征,安排好文章的线索和顺序,或定点写景或移步换景,充分描绘景物的本质美。游记不能只停留在对景物的客观描写上,写景的目的是为了抒发作者某种特有的感受或思想,因此要做到写景、抒情、议论相结合。

2. 漫步________故居(横线上填写人名)

本题要求写一篇参观记。要写好本文关键在于:一、要把握故居的特质,诸如外观构造,与其主人的生平、经历的联系等。二、要安排好记叙、说明的顺序,做到方位明确、次序井然。三、要搜集一定的史料,写好对有关人士的评述。

3. 最忆是________(横线可填写地名、处所名)

4. ________之春(横线处填写地名)

二、文化之旅

写作跳板

“用笔记录足迹”有很多种形式,如记旅行日记、写调查报告,等等。因篇幅关系,这些写作训练只能略去了。

下面我们要说的,是从文化角度对所游之地进行一次文化“采风”。

一个地区的人群在一个特定区域繁衍、生息,并孕育出自己独特的历史、文化、风俗。凡此种种,通过文书史籍,通过代代相传的神话传说,通过富有浓厚民族色彩的亭台楼阁,通过丰富的物产等传沿着,发展着。在采风过程中,你一定会耳闻目睹这些乡情民俗,感受到古老文化的气息。请用笔将它们记录下来,介绍给读者,或记叙描写,或介绍说明。让我们一起来聆听地域文化在历史中的足音,翻开民俗画卷,去了解我们现代文化的根,做一个传统民俗文化的传承者。①

交流平台

① 文化之旅就是走进另一个世界,体验另一种文化。

学生习作

过 桥 米 线

“小乖乖来小乖乖,我们说,你们猜……”大家大概知道这是一首云南民歌——《猜调》,其中还有“什么长长街前卖？……”“米线长长街前卖……”唱的就是云南人最喜爱的米线。[①]

在云南，大街小巷都有米线卖。每天早上，人们几乎都以米线为早点。它的种类很多，有过桥米线、豆花米线、小锅米线等，数不胜数。[②]

不过，最具云南特色的还是过桥米线。关于它，还有一个美丽的传说：

很久以前，蒙自有一南湖，湖中有一小岛，湖边住着一对恩爱夫妻。妻子每天经过一座桥给在岛上读书的丈夫送饭，但总因桥太长，他只能吃到凉了的饭菜，妻子为此很苦恼。于是熬了点鸡汤送去，没想到这汤竟把她丈夫的嘴烫伤了，她十分心疼。原来汤上面的一层油有保温的作用，妻子便得到了启发。从此她每天用滚烫的鸡汤烫米线给丈夫吃，丈夫从此吃上了热腾腾的米线。米线把两人的心紧紧地系在了一起，夫妻俩更加恩爱了，被当地人传为佳话。

“过桥米线”便由此得名。后来云南人凡遇喜庆日子和宾客到来时，都喜欢用过桥米线招待客人，以示吉祥如意，这个风俗一直延续至今。[③]

到云南不吃过桥米线，就好比到北京不吃烤鸭，到重庆不吃火锅一样，备感遗憾。

所以您到云南来，也一定要尝一尝云南的过桥米线。

瞧，一盘盘令人垂涎欲滴的食材已经摆满了桌子，请您赶快坐下来动手吧。千万不要碰着汤，否则会烫伤你的，它是由火腿骨和壮鸡熬成的浓汤。看，还在翻滚着呢。首先，不要急着放米线，先把生肉片和海鲜放进去，如肉片、火腿片、生鱼片、鱿鱼丝，等烫到八成熟后再放入蔬菜，有豌豆苗、白菜、玉兰片、葱……要是再放进一个鹌鹑蛋的话，味道会更鲜美的。还可以按个人喜好放一点红红的油辣椒。霎时，一碗色彩鲜艳，香、辣、鲜美味绝伦的过桥米线摆在您面前。尝一口，味道好极了！不一会儿你便大汗淋漓，畅快极了。[④]

这便是云南人民送给你的一份最诚挚的厚礼。

交流平台

① 以民歌起笔，别开生面。

② 强调过桥米线的地域特色。

③ 以美丽的传说凸现其民俗文化特征，给文章增添情趣。

④ 详细描述米线的食用方法，突出其色、香、味，使人读罢，如身临其境，见其物，觉其味。

本文描述的对象是云南特产——过桥米线，作者依次介绍了过桥米线得名的由来、过桥米线的名声和影响、过桥米线食用的方法等，并借助民谣、传说等内容丰富文意。本文字里行间充满浓郁的地方风情特色，使读者对云南的丰富物产又多了几分了解。

请你评点

如果文中突出“我”的体验，是否更好？

佳作借鉴

乌篷船（有删节）

周作人

我要说的是一种很有趣的东西，这便是船。你在家乡平常总坐人力车、电车，或是汽车，但在我的故乡那里这些都没有，除了在城内或山上是用轿子以外，普通人代步都是用船。船有两种，普通坐的都是“乌篷船”。篷是半圆形的，用竹片编成，中夹竹箬，上涂黑油；在两扇“定篷”之间放着一扇遮阳，也是半圆的，木作格子，嵌着一片片的小鱼鳞，径约一寸，颇有点透明，略似玻璃而坚韧耐用，这就称为“明瓦”。三明瓦者，谓其中舱有两道，后舱有一道明瓦也。船尾用橹，大抵两支，船首有竹篙，用以定船。船头着眉目，状如老虎，但似在微笑，颇滑稽而不可怕，唯白篷船则无之。三道船篷之高大约可以使你直立，舱宽可以放下一顶方桌。小船则真是一叶扁舟，你坐在船底席上，篷顶离你的头有两三寸，你的两手可以搁在左右的舷上，还把手都露出在外边。① 在这种船里仿佛是在水面上坐，靠近田岸去时泥土便和你的眼鼻接近，而且遇着风浪，或是坐得稍不小心，就会船底朝天，发生危险，但是也颇有趣味，是水乡的一种特色。②

你如坐船出去，可不能像坐电车的那样性急，立刻盼望走到。你坐在船上，应该是游山的态度，看看四周物色：随处可见的山，岸旁的乌桕，河边的红蓼和白苹，渔舍，各式各样的桥。困倦的时候睡在舱中拿出随笔来看，或者冲一碗清茶喝喝。夜间睡在舱中，听水声橹声，来往船只的招呼声，以及乡间的犬吠鸡鸣，也都很有意思。雇一只船到乡下去看庙戏，可以了解中国旧戏的真趣味，而且在船上行动自如，要看就看，要睡就睡，要喝酒就喝酒，我觉得也可以算是理想的行乐法。③

交流平台

① 介绍得非常详细。

② “泥土便和你的眼鼻接近”，不亲自坐过这乌篷船，是写不出这等文字的。

③ 看随笔、喝清茶、看庙戏都可坐在乌篷船里进行，真是一种“行乐法”。

先是介绍乌篷船的特点，继而描述坐船时见到的沿岸风光，以及十分闲适的船上“理想行乐法”。周作人追求平和冲淡的格调，文字苍劲有力，朴素自然，信笔所至，舒卷自如。作品扣住乌篷船这一典型事物，于娓娓细谈中向读者展现了一幅绍兴水乡的民俗风情画。

请你尝试

1. 编写一份导游说明。

向别人介绍一个景区（点）时，解说要全面、准确，要能抓住景区的特色突出重点；介绍要按一定的顺序，方位准确，条理清晰，使人一目了然。同时可引用该景区的古志、神话传说、诗词对联、名人逸事等丰富内容。但也应针对游览对象，适当调整解说内容。同时注意介绍过程中礼貌用语的使用。

2. 寻觅名胜古迹中文学的踪迹。

走遍祖国大地，哪里有山水、寺庙、园林，哪里就有诗、词、对联，这成为我国名胜古迹的一大特色。这些诗联提供了历史、宗教、文学、书法、篆刻、地理等方面的丰富知识。每到一处，你一定不难发现这些诗联。细细品味、筛选。当你完成了这篇文章，你会发现，你的知识增长了，文学鉴赏能力提高了。

3. 写一个以你采风地为背景的古代历史故事（如鉴湖女侠、卧薪尝胆）。

4. 描写你采风地特有的建筑、物产、习俗（如城隍庙豫园、赛龙舟）。

第四课　小皮球，小小来，落地开花二十一

游戏是人的天性。

——编者

写作跳板

“小皮球，小小来，落地开花二十一”，你听到过这样的歌谣吗？它是不是使你马上想起了跳房子、跳皮筋、抓沙包、踢毽子、滚铁圈、打弹子、刮豆腐片子、抽陀螺、藏猫猫等传统民间游戏。这些小游戏有着无穷的魅力，它召唤我们去发掘其中的人文内涵、传承其中的民俗文化。

本课是各种游戏活动的设计指导，可以参阅前三节的内容，从中化出各种作文练习。

请你尝试

民间游戏活动设计

1. 了解民间游戏

（1）寻访

听妈妈讲过去的游戏，并记录。

（2）学习

跟妈妈一起重温旧日里的游戏，介绍游戏过程，抒写游戏感受。

（3）探究

采访民俗专家，做采访录。摄影、录音、笔录，然后剪辑；

查阅民俗文化资料，做笔记，辑成资料汇编；

挖掘民间游戏的文化内涵、人文精神和历史价值。

（4）交流

同学之间互相传授、学习民间游戏，说一说自己介绍的游戏的特点，比一比谁的游戏更有趣又有意义。

2. 民间游戏技能大赛

(1) 策划

成立大赛组委会;

宣传动员,写倡议书,贴海报;

安排赛事场地,写活动规划;

公布比赛项目及规则。

(2) 参赛准备

招兵买马(写广告);

记下操练中的花絮。

(3) 比赛

写赛事报道;

“名人”专访。

3. 成果

(1) 举行闭幕式、颁奖会,撰写发言稿、主持稿。

(2) 制作介绍民间游戏的纪录片或摄影图片集。

要求:有恰当的文字解说,有前言和后跋。

赏月说月活动设计

1. 前期准备

(1) 了解有关月亮的神话传说、诗句、文学作品片段、别称、科学知识、绘画作品等。思维要发散,尽量别出心裁、与众不同。

(2) 交流、展出收集到的“月亮档案”。

2. 赏月说月活动

(1) 布置场地,撰写活动方案

(2) 说月竞赛

诗句接力赛。允许即兴创作发挥,同学们认可即可,但一人限一次。

神话传说故事擂台赛。你不知道的故事我说给你听。

月亮小知识竞赛。天文、地理、音乐、美术、文学、航天等任何方面都可以。

最新登月快讯播报。

(3) 户外赏月

吟诗、作画或作文抒怀,亦可构思科幻小说等;

互相评议各自的习作,修改习作。

3. 编辑《月亮文集》

要求:诗、散文、绘画、科技小品、新闻报道等各种文体样式齐全,有前言、后记介绍活动的设想、过程和收获等。

第七单元

语不惊人死不休

“为人性僻耽佳句，语不惊人死不休。”这是大诗人杜甫的名句，是说他性格乖僻，沉湎于对“佳句”的追求，到了写不出“惊人”之句绝不罢休的境地。杜甫这种对语言的自觉追求，正是他成为大诗人的重要条件。

著名作家陈忠实说：“语言的修养是没有止境的。我的整个习作的历程，都是在寻找属于自己的句子。”确实，一个诗人、一个作家，要写出精美的作品，就要追求语言的“惊人”，就要“寻找属于自己的句子”。因为文学是语言的艺术。只有精心锤炼语言，追求语言的“惊人”效果，才可能使语言变成艺术。同样，一个学生，也要尽可能地追求语言的“惊人”，因为它不仅能使你更好地表达自己的心声，还能培养起自觉追求语言效果的良好习惯，从而不断提高自己的语言表达能力，最终才有可能成为语言艺术大师。

本单元我们将一起尝试锤炼语言的多种方式，从不同的途径训练语言表达。我们期待着你从此自觉地追求语言之美，使自己的文章更精彩。

第一课　我的格言

> 聪明人的智慧，老年人的经验，都在格言里。
>
> ——谚语

写作跳板

我们都喜欢使用格言，用格言来阐述、证明自己的观点，传达自己的心声，只是这些格言多是他人创作的。①

你是否也写过格言？没有。那你今天就试着写一写。啊，不要担心，更不要有畏难情绪。或许在你的心里，以为格言都是一些名人说的，其实不然。名人固然有不少有名的话，但正如鲁迅先生所言，我们是应该将“名人的话”和“名言”分开来的，名人的话并不都是名言；许多名言，倒出自田夫野老之口。确实，我们使用的格言，许多来自民间，来自最普通的人们，比如“三个臭皮匠，顶个诸葛亮”“比河短的桥，造得再好也没用”“朝霞的确五彩晶莹，但是，没有太阳，也就没有它的美丽”……

要创作出好的格言，了解一点有关格言的知识是很必要的。一般来说，格言包括警句、谚语、思想火花，其特征大致如下——

从内容上说，有劝诫和教育意义，所以并不是所有的警句、谚语、思想火花都可称为格言。

从语言表达上说，言简意丰，即用极少的字句来表达丰富的思想。如麦雪萝所言，“警句如蜂，形体短小，而又有蜜有刺”，耐人咀嚼。鲁迅的不少格言便是如此，例如“地上本没有路，走的人多了，也便成了路”“事实常没有字面那么好看”等。

从构思上说，新颖别致，即用新颖、独到的形式传达别人想说而又说不好的意思。如布瓦洛所言，一句漂亮的话之所以漂亮，就在于所说的东西是每个人都想到过的，而所说的方式却是生动的、精妙的、新颖的。

从产生的方式上说，格言常常是突现的机锋，即用创作者个人的灵光烛照事物，显现出观照事物的机智与锋芒。如王朝闻所言：“警句出现得是时候，是地方，它会像一次‘爆炸’，给人强烈的刺激，造成深刻的印象。”突现机锋，是生活中大量存在的。你与同学、朋友的交谈也常常会有妙语，这妙语许多就是突现的机锋。如同学甲正在陪心事重重的同学乙聊天，想为同学乙解除一些心里苦闷，但同学乙总是不能打开自己的心扉。这时，突然停电，房间一片漆黑。同学甲一边打开应急灯，一边不失诙谐地说：“请不要把你心里的灯关了。”在这句突现机锋的话语启发下，同学乙也慢慢打开了话匣子。这一句“请不要把你心里的灯关了”就是灵光乍现的格言。②

交流平台

① 一句格言就是一篇文章中的闪亮的小星。
② 格言还能提升思想。

学生习作

格言五条

1. 请温柔地对待我，我将以智慧回报你。①
2. 你心换我新。②
3. 友谊总在你真诚生活中产生。③
4. 遗憾亦是一种美，只是千万不要让它升级成了悔恨。④
5. 不要说我们的生活不够浪漫，浪漫正等待你睁大你的眼睛。⑤

交流平台

① 这是一条关于计算机的格言，它是不是很切合实际？将计算机拟人化是它的特征。
② 这是一条劝告别人爱护公物的格言。它的特征也是拟人化。
③ 这条格言很有深度，体现了作者对生活的深刻认识。
④ 这条格言在对比中发现生活的真谛。
⑤ 让你发现生活的浪漫，是不是头一回听到？

佳作借鉴

格言五条

1. 人的天职在勇于探索真理。①

——哥白尼

2. 自由是心灵的最高定性。②

——黑格尔

3. 沉默呵，沉默呵！不在沉默中爆发，就在沉默中灭亡。③

——鲁迅

4. 爱人者，人恒爱之；敬人者，人恒敬之。④

——孟子

5. 有时宽容引起的道德震动比惩罚更强烈。[⑤]

——苏霍姆林斯基

交流平台

① 这是哥白尼用生命写就的格言，这是心灵的独白。

② 作为哲学家的黑格尔才能有这样的语言智慧。

③ 这是启蒙战士的呐喊。

④ 仁爱之言，由孟子说出，也是理所当然，因为孟子是“仁政”学说的提出者。

⑤ 教育家更讲教育的方式。

请你尝试

1. 从“生活与人生”“理想与情操”“天才与勤奋”“爱情与友谊”“文学与艺术”“读书与生活”“市场与文化”“市场与经济”中选取五个主题，各创作两则格言。

2. 在作文中，在写日记时，注意给文章、段落提炼警句。

陆机说：“立片言以居要，乃一篇之警策。”“警策”，是文章之眼、文段之眼。它不仅对你写作文章（文段）有帮助，而且对读者阅读有启发。

3. 每星期记录三则以上你说的或你听到的妙语。

提示：做个有心人，把你平时与同学、朋友、老师、家长谈话、聊天时所说、所听的妙语记录下来，其实就是一个丰富的准格言库。

4. 每学期与朋友、同学交流自己创作的格言两至三次，互评互改，并从对方创作的格言中评出几句你认为最精彩的格言。

第二课　我心欢歌

> 诗言志，歌永言。
>
> ——《尚书》

写作跳板

我想，几乎没有同学不喜欢歌曲的。哪位同学不能数出一打自己喜欢的歌星，唱出许多自己钟爱的歌曲？但你创作过歌曲吗？我想大部分同学要摇头了。

今天，我们就一起来作一次新的尝试，写一首心中的歌，行吗？①

古人说："诗言志，歌永言。"就是说，诗是表达情志的，歌是延长诗的语言，徐徐咏唱，以突出诗的意义。这就告诉我们，所谓"歌"就是"诗"。中国古代的诗，从《诗经》一直到宋词，绝大部分都是可合乐而歌的。古代许多著名的诗人，就是当时人气指数很高的流行歌词作者。今天，我们总是把"诗"与"歌"合而为一，称之"诗歌"，是不是很有道理？同学们其实也早就发现了，一首你喜爱的歌，它的歌词就是优美的诗。相信你随便挑一首都能感受到。

当然，今天的人们既然把"歌"从"诗"中分离出来了，那么"歌"应当有它某些与"诗"不同的地方。我们以歌王王洛宾为他最初的恋人罗珊写的一首恋歌为例，略作说明。②

你是我黑夜的太阳，
永远看不到你的光亮。
偶尔有些微光呃，
也是我自己的想象。
你是我梦中的海棠，
永远吻不到我的唇上。
偶尔有些微香呃，
也是我自己的想象。
你是我自杀的刺刀，
永远插不进我的胸膛。
偶尔有些微疼呃，

也是我自己的想象。
你是我灵魂的翅膀，
永远飘不到天上。
偶尔有些微风呃，
也是我自己的想象。

王洛宾这首歌词比较典型地体现了现代歌词形式上的几个特点：

一是结构整齐。一首歌的歌词可以是一节，也可以是多节。两节以上的歌词一般要求有大致整齐的结构，有利于谱曲。这首歌词四节不仅每节句数相等，而且每句的字数也相等。

二是回环复沓。歌词每节每句都有反复的地方，第一句的“你是我”，第二句的“永远”，每节的第三句只换一个字，第四句“也是我自己的想象”则是完全重复。这样四节下来，就形成了回环复沓的特点。这一手法其实从《诗经》的乐歌就开始大量使用。这种形式可使歌词具有一唱三叹的韵味。

三是韵律谐和。歌词四节一韵到底，每节四句有三句押韵。为使这种韵律整齐中显参差，作者在每节的第三句最后用了同一个语气助词。这样就使全词既在统一的韵致中，又不失流转变化，达到了谐和有致。

通过对这首歌词形式特点的分析，我们不难明白，歌词写作并没有什么非常难。假若你已是一位小诗人了，那尝试写一首歌词则更加容易。假若你的心中已涌动着一种情感，那你现在就可以发而为歌了。

交流平台

① 正是处处有作文啊！

② 如果以一首中学生耳熟能详的流行歌曲为例，是否更受学生欢迎，更有效？

学生习作

运 动 场 上

这是一场独特的会考，
却没有教室的静悄悄，
放下沉甸甸的书包，
考场就是跑道。①
这里有胜利者的欢笑，
还有那受挫折的懊恼，
拼搏是唯一的答案，
汗水是共同的骄傲。

飞快跑，飞快跑，
去赶超，去赶超，
竞争风采是我们的自豪。
飞快跑，飞快跑，
去赶超，去赶超，②
青春火焰四处闪耀。

交流平台

① “考”“悄”“包”“道”皆押韵。
② 此为“回环复沓”，是歌词常用手法之一。

仔细读一读这首歌词，你会发现它大致具备了“结构整齐”“回环复沓”“韵律谐和”的三个特点。

请你评点

“飞快跑……去赶超”是本首歌词回环复沓之处，但读起来有些拗口，你以为呢？

佳作借鉴

送　别

李叔同

长亭外，
古道边，
芳草碧连天，
晚风拂柳笛声残，
夕阳山外山。①
天之涯，
地之角，
知交半零落，
一觚浊酒尽余欢，
今宵别梦寒。
长亭外，
古道边，
芳草碧连天，
问君此去几时来，

来时莫徘徊。
天之涯，
地之角，
知交半零落，
人生难得是欢聚，
惟有别梦多。

交流平台

① 两个三字句，一个五字句，一个七字句，错综起伏，朗朗上口。落句又是五字句，有戛然收尾之效。

阅读时仔细体味这首歌词的诗境，并注意其歌词形式上的特点。

请你尝试

1. 心中的歌

提示：走过了十几年的岁月，心中已拥有了某一种强烈的情感，或亲情或友情，或爱或憎，或大欢喜或大苦痛……把这种强烈的情感用一首歌将其释放出来，肯定能打动自己也打动别人。

2. 写一首班歌或校歌。

提示：班歌或校歌的编写方法与上面所讲相同。但从内容上看，可能要更严肃一些，更进取一些。一般要求根据班或校的特点来写。

3. 向班级同学或学校全体师生推荐一首歌，并写出推荐的理由。

4. 创作一首校园歌曲。

第三课　创作散文诗

散文充满着诗意，就像苹果饱含着果汁一样。

——编者

写作跳板

有过写散文的经验，有过写诗歌的经验，今天，你可以尝试写一首散文诗了。[①]

你也许是第一次听说散文诗。它兼有散文和诗的特点，以短小散文的形式写出，却有诗歌的意境、诗语的精粹、诗体的韵致。用四个字概括，就是“行板如歌”。

你是否读过朱自清的《匆匆》？人们一般把它视为白话散文诗的开创之作。我们不妨读读其中一段：

> 燕子去了，有再来的时候；杨柳枯了，有再青的时候；桃花谢了，有再开的时候。但是，聪明的，你告诉我，我们的日子为什么一去不复返呢？——是有人偷了他们吧：那是谁？又藏在何处呢？是他们自己逃走了吧：现在又到了哪里呢？
>
> 我不知道他们给了我多少日子；但我的手确乎是渐渐空虚了。在默默里算着，八千多日子已经从我手中溜去；像针尖上一滴水滴在大海里，我的日子滴在时间的流里，没有声音，也没有影子。我不禁头涔涔而泪潸潸了。

诗人以燕子的去来、杨柳的枯荣、桃花的开谢等意象，以排比、拟人等手法，以散文形式、诗歌韵调来抒写对时间挽留不住的惋惜之情。从这里我们可以看出，散文诗有如下一些特征：

构思的凝练性——提取生活中的一粒“原子”，用想象、联想使它发生“裂变”；

意象的跳跃性——没有过多的事实描写，而是以跳动的意象给读者留下更大的想象空间；

语言的韵律美——排比、反复等修辞的使用，造成一唱三叹的韵致。

必须指出，这些散文诗的基本特征，并不是每一首散文诗都具有，或者说都必须具备，就像并非每一首诗都必须具备诗的全部特征一样。[②]同理，你在创作散文诗时，也不是非要全部按照这些要求来做。你可先从你感受最深的那点来考虑。你可把它当做一首诗来创造,然后以不分行的散文形式写出。行不行?

交流平台

① 尝试各种文体,自然“见多识广”。

② 原则是灰色的,真正的写作才是多彩的。

学生习作

忘记了蔚蓝的眼睛

不知从何时起,我们拥有了一双忘记蔚蓝的眼睛。

只有眼前晃动的书本和写不完的abc、算不出的xyz,也许还拥有灰色与黑色,却已忘记了窗外还有一片蔚蓝的天。①

也曾拥有过那一片蔚蓝,那是什么样的日子啊!欢乐的,大笑的,忘记了一切颜色的蔚蓝。也想再拥有一次蔚蓝,可取而代之的是早出晚归的眼中灰蒙蒙的挂着月亮的天。

记得外面的世界很精彩,有白雪皑皑的群山和绿色的大草原、红色的玫瑰、黄色的气球……还有蔚蓝的天。曾想见识一下外面的世界,背起行囊游遍五湖四海,也想突然有一天宣布学校解散……而今,没有更多的奢望,只想再拥有一片蔚蓝。②

天地蒙上了灰色的面纱,就让这天地间的眼睛失去了五彩缤纷的世界……

外面那多彩的世界,不知变成了什么样。

只希望这忘记了蔚蓝的眼睛,再次拥有蔚蓝时不觉得刺目,不觉得陌生。

哦,只想让那忘记蔚蓝的眼睛,深深地回忆——回忆起蔚蓝。

交流平台

① 有了诗的联想。

② 有了诗的语言。

这首散文诗的生活“原子”是什么?是对学校单调生活的深沉思索。小作者以此为原点,用对比联想(窗内与窗外)使之发生“裂变”,构筑起一个让人不能回避也无法回避的诗的意象——那一双对蔚蓝渴望的眼睛,给人以心灵的震动。你读后是否感受到了这些?

请你评点

散文诗也应有“诗眼”,本文的诗眼在哪里?

佳作借鉴

美之歌

[黎巴嫩]纪伯伦

我为爱情指出了方向，我是灵魂的佳酿，是心田的食粮。①

我像一朵早晨开放的玫瑰花。摘下我的是一位姑娘，她吻了吻我，然后把我紧贴在她的胸口上。

我是幸福的宫殿，我是欢乐的源泉，我是宁静的开端。

我是那温柔的一笑，浮现在姑娘的唇边；年轻人看见，就会忘掉自己沉重的负担，他的生活就会变成甜蜜的、梦一般的草原。

我为诗人唤起灵感，我是艺术家的旅途良伴，我是音乐家忠实的教员。

我是婴儿的一双慧眼，温存的母亲看见了，她就会跪下祈祷，歌唱赞美安拉的诗篇。

我在亚当面前变成了夏娃，并且征服了他；我以女友的身份去见所罗门，把他变成了智者和诗人。

我和海伦嫣然一笑，特罗伊城就宣告失陷；我为克里奥佩特拉女皇戴上了王冠，欢乐就笼罩了尼罗河畔。

我像命运之神：今天创造，明天就毁掉。我让万物生长，也让万物遭到灭亡。

我比紫罗兰的呼吸还要温柔，我比暴风雨还要凶猛。②

世人呵，我是真理！我是真理！也是你们所能理解的最美好的事物！

交流平台

① 概括了多种意象，充分体现诗歌语言的象征性、多义性。

② 联想丰富，想象奇特。

一口气读完，你是否也感到这是一篇关于美的宣言？“我为……”“我是……”“我像……”，这一气到底的独白，宣告了美的性格、美的特征、美的作用，美与生活的关系、美与真与善的关系、美与艺术的关系。这种一气贯注的对美的强烈而深沉的情感，就是这首散文诗得以产生的生活“原子”。围绕这一“原子”，作家展开联想与想象，将密集而跳跃的意象以酣畅淋漓的排比句式呈现。以美的词句、美的散文诗，来唱“美之歌”，真是“美上加美”！

请你尝试

1. 随风而来

提示：“风”自何方而来？随风而“来”了什么？是否随你喜怒哀乐的不同心境而异？对于这个题目，你完全可以将文章写得“风”姿绰约，“来”者皆俱诗心。对吗？

2. 远方的消息

提示：若你长期关注的是地球那边的事，你则可完成一首关于东西方文明的诗；若你长期关注的是农村的苦难，你则可完成一首关于农人疾苦的诗；若你长期关注的是臭氧层空洞，你则可完成一首关于环保的诗……

3. 十三岁的梦幻

4. 聆听

第四课　对联，对联，相对相联

对联是汉语独特的文学样式，对联创作充满着无穷的快乐与智慧。

——编者

写作跳板

谁能讲一个关于对联的故事？同学们交换着眼色，没有谁站起来。这也难怪，在同学们的故事库中，关于对联的故事很少，因为从小在这方面接触不多。那么老师就先给你们讲个有趣的对联故事吧。[①]

王羲之是东晋著名书法家，被后人尊称为“书圣”。据说他喜欢撰写对联，而且联意新奇，很受当地人的喜欢。有一年除夕，他在家门口贴了一副对联：

春风春雨春色
新景新月新年

对联刚刚贴出，就被人悄悄揭走了。王羲之只得再写一副：

莺啼百里
燕语南郊

但贴出不久，又不翼而飞。怎样才能写一副不让别人揭走的对联呢？他决定写一急转联。急转联也就是联句写到下半截时语意陡然变换，联句下半截的文辞改变上半截的内容，从而使全联格调一变，翻出新意。于是，他写道：

福无双至
祸不单行

乡邻见这副对联很不吉利，再没有人去揭了。到了正月初一早晨，王羲之让儿子把联语的下半截贴了上去，变成：

福无双至今朝至

祸不单行昨夜行

就这样，一副很不吉利的对联在他的点化下，竟变成了一副非常漂亮的春联，令人称奇。于是，中国文化史上又增添了一段绝妙的佳话。关注文史趣闻、典故的同学，可能还知道不少类似的故事。古人如宋代的王安石、苏东坡、黄山谷，明代的解缙，清代的纪晓岚，近人如康有为、梁启超、鲁迅等，都为我们留下了充满智慧的对联故事。②

为什么大家如此喜欢对联？因为对联是汉语独特的文学样式，对联创作是语言智慧的体现，是生活情趣的体现，是文化品位的体现。一旦走进对联世界，你也一定会流连忘返的。

交流平台

① 让对联进作文课，也是一个尝试吧。但其实是旧而又旧了。

② 古人学语文，就从学对对子开始。这是古人文学功夫的根基。

学生习作

1. 马前宝剑
   雨后彩虹
2. 山阴道上
   岳阳楼头

交流平台

第1联：这是一位同学以自己的名字“马剑虹”为内容创作的对联。从内容上看，对联体现了这位同学对自己的美好的期待；从形式看，上下联各四字，字数相等。“字数相等”与“词性相对”是创作对联要注意的第一步。

第2联：“山阴道上”，同学们对有不少下联，如“秦皇岛外”“石钟山下”“鄱阳湖边”“岳阳楼头”。应当说，这些对得都不错。但按对联的严格要求，还是“岳阳楼头”为优。为什么？它不仅与其他几联一样，符合“字数相等”“词性相对”，而且还注意到了对联的另外两个要求——“平仄相谐”“意义相关”。

平仄要求比较复杂，我们今天不谈。“意义相关”是要求上下联的内容相互关联，构成一个有机的整体。“岳阳楼头”与其他下联比，在文化底蕴上与上联联系得更紧。“山阴道上”语出《世说新语》，原句为“从山阴道上行，山川自相映发，使人应接不暇”。岳阳楼头，则出自范仲淹的《岳阳楼记》。

佳作借鉴

1. 铁肩担道义
   妙手著文章

2. 有关家国书常读
   无益身心事莫为
3. 青山有幸埋忠骨
   白铁无辜铸佞臣
4. 欲穷千里目
   更上一层楼
5. 此木为柴山山出
   因火成烟夕夕多

交流平台

“意义相关”大致有三种情况：

一是，上下联互为补充，即人们通常所说的“正对”。上面的第 1 副对联就是属于“正对”。这种对联是比较多的。

二是，上下联相对而生，相反而成，叫做“反对”，如上面的第 2、3 两副对联：“有”与“无”相反相对，“常读”与“莫为”相反相对，整副对联就在这样的反对中生成一体；“有幸”与“无辜”相反相对，“忠骨”与“佞臣”相反相对，两两相反生成佳对。

三是，上下两联的意思相承而来，就像流水一样不中断，是谓“流水对”，如“欲穷千里目，更上一层楼”就是。

请同学们仔细品读第 5 副对联，看看除了符合上面我们谈到的“字数相等”“词性相对”“平仄相谐”“意义相关”这四点外，还有什么特征？“此”“木”合而为“柴”，“山”“山”合而为“出”，“因”“火”合而为“烟”，“夕”“夕”合而为“多”，这种将汉字拆开又组合的作对方法，叫“拆字格”。拆字格是对联中的特殊格式。对联的特殊格式还有许多，如“叠字格”“谐音格”“顶真格”“回文格”等。对联的智慧、趣味等有许多都体现这种特殊格式中。课后可到学校图书馆、书店或网上寻找有关对联的书，你一定会从中获得许多非常有意思的知识。

请你尝试

1. 拟出下联或上联。

荣(　　)，文(　　)，承前(　　)，轻歌(　　)，新世界(　　)，(　　)镜中花，孙行者(　　)，绳锯木断(　　)，(　　)百花凋零，流芳百世(　　)，一肩担日月(　　)，根深叶不瘦(　　)，有理尽管胆大(　　)

2. 写出 200 个以上相对的词语，如：大与小、长与短、生与死。

3. 寻访查找，收集一些民间对联；出外旅游，抄录名胜古迹的一些对联。然后与同学交流。

4. 过年时为家里写一副对联，注意不要把上下联贴反了。上联应贴在进门的右边，下联应贴在左边。

第八单元

采一把天堂草

谁不怀念在妈妈怀里听“大灰狼”故事的温馨？你至今还珍藏着第一本彩色图书《白雪公主》吗？

童话如梦幻，萦绕在我们的童年。虽然如今我们长大了，但依然心仪安徒生、格林兄弟们为我们营造的梦幻世界。就在前几天，我们还与哈利·波特“握手”，还“采了一把天堂草”。

童话体现的是人类心灵最美好的一面：惩恶扬善、扶贫助弱、善有善报……这些是全世界童话永恒的情节；爱、同情……则是全世界童话不衰的主题。

在第五单元，我们已初涉童话，为什么还要用一个单元的篇幅练习童话的写作呢？这是因为，童话的世界最无拘无束，最能引发我们的想象，也最能培养我们的创新意识。

本单元，我们一起步入童话世界。用我们的奇思妙想，用我们的生花妙笔，也来编写21世纪的“白雪公主”和“灰姑娘”的故事，也来当一回“白马王子”或“哈利·波特”。

第一课　给自己留个“发泄屋”

一怒之下，不妨踢踢脚下的石子。

——编者

写作跳板

人活在世界上总少不了这样那样的不顺心事，总会遇上这样那样的痛苦，有时甚至让人难以承受，让人似乎感到活不下去。

你们当然也有自己的苦恼。你们学习压力大，书包重得让人发怵。可是，爸爸妈妈还有老师，总还嫌不够重似的，还要往你们的书包里拼命塞东西。“这是为了你好！否则怎么和别人竞争，怎么进名牌大学？”面对这一切，怎么办？

放弃？这可不是办法，不能放弃。让自己发泄一下，也是好的呀。前些年，面对竞争，日本人的压力太大，于是有人想出一个点子：在企业、单位或部门里，专门设一个发泄室，放一个部门领导人的塑像，如果有员工感到受不了，就可以到里面发泄一下。发泄完了，那人就会重新投入工作。据说，这种办法对于心理压力太重的人，还是个不错的缓解压力的办法。

我们能不能在写作时，也给自己留一个小小的“发泄屋”？比如对书包太重感到不平，你完全可以发泄一下。写篇作文，冷嘲热讽，狠狠地批评一阵呀。在哈哈大笑之后，求得心理的平衡，然后再埋头认真地学习。

苦恼人的笑？是有一点。可是，能让自己笑总是好的吧。其实，我们身边总有这样那样的苦恼，如果学会了用这种方法苦中取乐，我想有时会让自己轻松不少的。幽默让人轻松嘛。凭着自己的想象，用自己幽默而又夸张的笔，编出一个个生动有趣的童话故事，让自己心情轻松一下，不是也很好么？①

当然，写故事的时候要大胆地想象。既然是童话故事，想象就是它的生命。其次，故事要编得曲折些，一环扣一环。特别要抓住细节，也就是那些特别精彩的片段，一定要精雕细刻。通过具体的语言、动作、表情、心理等描写，展现人物性格。

交流平台

① 童话世界就是超凡的世界啊!

学生习作

我有救了

昨天是语文考试。今天,完蛋了。这不,那老师又像催命鬼似的催我了。我悄悄走到了办公室门旁,探头探脑地看了看里面,还好,只有三位老师,都在批改作业。我轻手轻脚地走到门口,像做贼似的,眼睛一闭,喊了一声"报告——",这一声代价可不小,于是六只眼睛都朝我射来。好可怕,我手里直出冷汗,整个人都成了一块木板了。

"你给我过来。"语文老师突然吼了起来。①

我硬着头皮走到她的办公桌前,早就料到,是关于考试。"你看看你,做试卷是不是用脑子了?数数有多少大叉叉!"说完,她看看手表,"反正也要放学了,你给我在办公室里将试卷从头到尾抄五遍再走。"

"啪"的一声,试卷被狠狠地扔在我手里。

看看她那样子,当然只好遵命。于是,抄啊,抄啊——唉,快六点了,饿死了。想到今天妈妈烧鸭肉,哎,这味道真是美极了。

"鸭子!"我突然想到上回我救过的那只鸭子,那天它竟说起话来,还说以后我遇到什么麻烦,只要轻轻呼唤一下,它马上就到。

"鸭子——"我很轻地叫了一声,回头看看语文老师,还好,没发现,我暗自庆幸。

"你在叫什么?抄好了吗?"

什么,被她听见了?我吃了一惊。心想:抄作业哪有这么快,再说作业都摊在那儿了,又不是瞎子,明知故问。

突然,一个黑影从我眼前闪过,"哎,莉莉,上来,我来啦!"啊,是鸭子!② 我赶紧跳上鸭背,书包也没拿,将书往腋下一夹,马上就往上飞。一阵大风刮来,我赶忙用手将帽子护住,至于课本却全掉了。让它们掉吧,反正我不要了。世界上没有课本,那多好!

走喽,飞喽,自由喽……

交流平台

① 老师的形象有点失真。

② 突然出现的鸭子,使人感到突兀。前面应有所铺垫。这是写作的基本原则。

要不是结尾出现那只神奇的鸭子,这篇文章即使再生动、细腻,也只是一篇记叙文而已。初学创作童话好像很难,主要是如何把故事编得合情合理,本文在这一点上显然不很成功。

请你评点

把老师写得如此凶神恶煞，合适吗？鸭子突然而来，合理吗？

佳作借鉴

随风而来的玛丽阿姨（有删节）

迈克尔醒来，觉得心里有一种古怪的感觉，他一张开眼睛就知道有点不对头，可他说不准是什么不对头。

“今天星期几呀，玛丽阿姨？”他掀开身上的毯子问。

“星期二，”玛丽阿姨说，“去洗个澡吧。快！”她看见他一点不想起来，就说。他翻身又把毯子蒙过了头，古怪的感觉越来越厉害了。

“我跟你说什么了？”玛丽阿姨用她冷冰冰而清楚的声音说话。这样的说话向来是表示警告。

迈克尔知道他在出什么事了。他知道他在变淘气。

“我不去。”他慢腾腾地说，声音在毯子底下瓮声瓮气。

玛丽阿姨一下子掀开他手里的毯子，低头看着他。

“我不去。”

他等着看她会怎么办。可是很奇怪，她一言不发，走进浴室开了龙头。她出来的时候，他拿起他的毛巾慢慢地走进去。迈克尔有生以来第一次浑身洗个干净。他知道他这是丢脸，因此故意不洗耳后面。①

“要我把水放掉吗？”他用最粗鲁的声音问。

没有回答声。

“哼，我不管！”迈克尔心里的淘气劲越来越厉害，“我不管！”

接着他穿衣服，穿上了只有星期日才穿的最好的衣服。他下楼去，用脚踢他知道不该踢的栏杆，因为这会吵醒屋里的人。他在楼梯上遇到埃伦，经过时把她手里的一杯热水碰翻了。

“嗨，你这个鲁莽的孩子。”埃伦说着弯腰把水擦干，“这水是给你爸爸刮胡子用的。”

“我就要这样。”迈克尔不动声色地说。

埃伦红扑扑的脸都气白了。

烧饭的布里尔太太正在厨房里烤饼。

“迈克尔，这可不行，”她说，“你不能乱搞这面盆，里面有面呐。”

他听了这话，在布里尔太太的小腿上狠狠踢了一脚，她落下擀面杖，大叫一声。

“你踢布里尔太太？踢好心的布里尔太太？我真为你感到害臊。”过了几分钟，妈妈听了布里尔太太告状以后说,“你必须马上向她道歉。说对不起吧,迈克尔!”

“我不觉得对不起,我很高兴。她的腿太肥了。”②

交流平台

① “不洗耳后面”,淘气孩子才想得出。

② 一而再再而三地捣蛋,这是本文的一条线索。

从儿童内心世界出发,以真实而又细腻的笔调,写活了他们的喜怒哀乐。虽然小主人公淘气到了不可思议的地步,但我们仍感到他的可爱。这正是童话的魅力。

请你尝试

1. 今天放学回家,我闷闷不乐。晚上,我面对着小火龙,忍不住说:“小火龙啊,小火龙,为什么我测验每次都是75分到80分的,害得我每次都被妈妈骂。如果你能让试卷每次都长翅膀飞走,那该有多好啊!我觉得老师偏心,对那些学习好的同学,总是教这个,教那个……而我们这些学习差的同学订正好就没事了。我多希望老师也能好好教我。算了,老师不教就不教嘛,以后我认真学习不就行了吗?而且我一定要做个品学兼优的好学生!晚安,小火龙。”

将这段话改成幻想作文,试试看。

2. 那是一个赤日炎炎的夏天,我们在上自然常识课。老师带着亲切的笑容来到讲台前,放下手中的杯子,同学们都想知道这杯子里面放的是什么。在第一个位子的我趁老师不注意把盖子打开。一不小心,杯子倒了,从里面流出了无穷的水。不一会儿,教室里成了游泳池,几个调皮的学生在“游泳池”里大呼小叫,胆小的却直喊救命。老师也乐了,和我们一起玩水。这时,教室的门打开了,是校长来了!大伙正心惊胆战,但马上发现水突然不见了……

这是一位小朋友的“大作”,试着也“克隆”一篇属于你的童话。

3. 我终于发明了一台超级变仪器,它能把人变成任何一样东西。为了试试效果如何,我打开开关,一瞬间,那家伙真把我变成了一只雪白的水鸟。“哈哈,这下我可以痛快地吃鱼了。”我高兴得拍拍翅膀朝窗外飞去。我来到一条小河边,一个俯冲,想给水里的鱼儿们来个突然袭击。可还未碰到水面,我就被那酸臭的水熏得快不行了。再瞧瞧河中,连一条鱼的影子都没有。我吓得拍着翅膀飞走了。

把这个同学的“金点子”“克隆”成你的大发明,为什么不试试?

4. 以“书包真的变轻了?”为题,写一篇与你学习生活中的烦恼有关的童话。

第二课　让蟋蟀乘上“爱”的纸船

想象是灵魂的眼睛。

——谚语

写作跳板

“只要人人献出一点爱，世界将变成美好的人间。”这支歌，你也一定唱过。人有了爱心，生活才会更有意义，世界才会更加美好。①

当然，爱不仅仅是一种对弱者的关心、怜悯，也不仅仅局限于人与人之间，它有更广泛的含义。你爱自己的父母，也爱自己的同学，爱那些比你弱小的人……可是为什么不可以爱一棵路边的小草、水中的一条小鱼、荒野里的一丛灌木？爱生活，爱大自然，爱你周围的一切吧。只有充满爱的人，才是幸福的，才会时时沉浸在爱的欢乐之中。

为什么不把自己生活中的一段经历或者是一次遐想充满爱意地写进自己的文章？当然不用说，也包括写入你自己编的童话。童话世界，往往是人们的理想境界的折射，所以不少人总爱在那里表现真善美，表现善良战胜邪恶，表现爱的魅力和奇迹。

当然，编织爱的故事，也未必不可以写让你脸红的那种爱——就是小说中常写到的爱情。怎么？一说到“爱情”这两个字，你就有些不自在，有些心跳？这正说明神秘的爱情对你也有着一种本能的吸引。早恋当然不可取，可是，在少男少女之间，或多或少会自然萌发一些类似“白雪公主”“白马王子”那样的遐想，这是一种潜意识，是一种客观存在。作为一种爱，我们应当坦荡地面对，正确对待，而不必过分地去掩饰、排斥。②

生活是美好的，爱更是一种永恒。就把你对这永恒的感受，用童话的形式写下来，怎么样？

交流平台

① 作文是情感的流露，具备高尚的情感才能写出优美的文字来。

② 关注少男少女那种朦胧感情，是一种人文关怀。这也应是作文可以表现的一个主题。

学生习作

歌声依旧，你也依旧

一、小纸船载起的梦

在一条通往城里的乡村公路上，一只乡下蟋蟀蹦蹦跳跳地“坐”上了“免费”列车。当它跳下车，提着它的行李，望着这陌生的城市时，心里不禁有些毛骨悚然。车水马龙的，它害怕，它不喜欢。于是来到一条小河边。忽然，前方漂来一只小纸船，它马上乘了上去。“出发喽！”蟋蟀边喊边驾驶起小纸船。①

纸船在河里慢慢航行着，微风吹拂着船帆，发出“呼呼”的响声。想起了妈妈唱的歌，于是，它那对翅膀也摩擦起来，唱出了“嘀嘀嘀”的歌声，引来了不少“听众”。

二、轮椅上的小男孩

一个坐在轮椅上的男孩终于从水里托起自己折的那只小船。回家了，他把蟋蟀带到了一个简陋的小屋里。男孩细细地端详着它。哇，是一只多么漂亮的蟋蟀。男孩笑了，欢乐地笑了。蟋蟀减轻了他的寂寞感。男孩找来了一小块白面包，细心地涂上香甜的果酱，给蟋蟀吃。②它太饿了，大口地吃着。男孩给它起了一个名字：“嘀嘀虫”。它也很喜欢这个名字，于是，在纸船里又蹦又跳，唱起了悦耳的歌曲。“嘀嘀嘀——嘀嘀嘀——”。那天晚上，男孩睡着了，睡得那么沉、那么香……

三、温暖的小屋

从此，男孩有了伙伴，他每天都带“嘀嘀虫”上街，让歌声给每一个匆匆忙忙的“上班族”送去一份轻松，送去一片温馨。可是，并不是每一个人都很喜欢“嘀嘀虫”的，比如那男孩的母亲，她嫌它脏……她劝男孩把“嘀嘀虫”卖给用蟋蟀赌输赢的赌徒。但是男孩仍旧爱护着他的蟋蟀，还用他那一双灵巧的手为“嘀嘀虫”制作了一间冬暖夏凉的“屋子”。它住在里面十分舒服。它又唱歌了，唱得是那么好听。

男孩又笑了，会心地笑了。

四、男孩的祈祷

一眨眼，冬天就要到了，蟋蟀知道自己要与男孩永别了。它在大家睡觉之前举行了一次告别演唱会。唱的都是全家爱听的歌儿。男孩捧着“嘀嘀虫”哭了，伤心地哭了。“嘀嘀虫”似乎看出了男孩的心思，轻轻地唱起了《友谊地久天长》……

在月光下，男孩祈祷着，他祝“嘀嘀虫”能平安地度过冬天，他希望“嘀嘀虫”的歌声依旧，“嘀嘀虫”也永远依旧……

交流平台

① 马上把我们带进了童话世界。

② 蟋蟀吃白面包、甜果酱，这个细节不一定真实，但不要紧，它是童话嘛！

这是一篇具有散文色彩的童话。以情感为线索纽带，在跳跃的节奏中，串连起一些感人的细节，正是本文的魅力所在。

请你评点

你喜欢这篇文章的题目吗？如果更具有童话色彩会不会更好？

佳作借鉴

海的女儿（有删节）

［丹麦］安徒生

现在大家在传说王子快要结婚了，他的妻子就是邻国国王的一个女儿。他为这事特别装备好了一艘美丽的船。王子在表面上说是要到邻近王国去观光，事实上他是为了要去看邻国君主的女儿。他将带着一大批随从同去。小人鱼摇了摇头，微笑了一下。① 她比任何人都能猜透王子的心事。

“我得去旅行一下！”他对她说过，“我得去看一位美丽的公主，这是我父母的命令，但是他们不能强迫我把她作为未婚妻带回家来！我不会爱她的。你很像神庙里的那个美丽的姑娘，而她却不像。如果我要选择新嫁娘的话，那么我就要先选你——我亲爱的、有一双能讲话的眼睛的哑巴孤女。”

于是他吻了她鲜红的嘴唇，抚摸着她的长头发，把他的头贴到她的心上，弄得她的这颗心又梦想起人间的幸福和一个不灭的灵魂来。

……

船开进邻国壮丽皇城的港口。所有教堂的钟都响起来了，号笛在许多高楼上吹响，士兵们拿着飘扬的旗子和明晃的刺刀在敬礼。每天都有一个宴会。舞会和晚会在轮流举行着，可是公主还没有出现。人们说她在一个遥远的神庙里受教育，学习皇家的一切美德。最后她终于到来了。

小人鱼迫切地想要看看她的美貌。她不得不承认她的美了，她从来没有看见过比这更美的形体。她的皮肤是那么细嫩、洁白，在她黑长的睫毛后面是一双微笑的、忠诚的、深蓝色的眼珠。②

“就是你！”王子说，“当我像一具死尸躺在岸上的时候，救活我的就是你！”于是他把这位羞答答的新嫁娘紧紧地抱在自己的怀里。“啊，我太幸福了！”他对小人鱼说，“我从来不敢奢望的最好的东西，现在终于成为事实了。你会为我的幸福而高兴吧，因为你是一切人中最喜欢我的人！”

小人鱼把他的手吻了一下。她觉得她的心在碎裂。他举行婚礼后的头一个早晨就会带给她灭亡，就会使她变成海上的泡沫。

教堂的钟都响起来了，传令人骑着马在街上宣布订婚的喜讯。每一个祭台上，芬芳的油脂在贵重的油灯里燃烧。祭司们挥着香炉，新郎和新娘互相挽着手来接受主教的祝福。小人鱼这时穿着丝绸，戴着金饰，托着新嫁娘的披纱，可是她的耳朵听不见这欢乐的音乐，她的眼睛看不见这神圣的仪式。她想起了她要灭亡的早晨和她在这世界上已经失去了的一切东西。

……

小人鱼把那帐篷上紫色的帘子掀开，看到那位美丽的新娘把头枕在王子的怀里睡着了。她弯下腰，在王子清秀的眉毛上亲了一下，于是她向天空凝视——朝霞渐渐地变得更亮了。她向尖刀看了一眼，接着又把目光转向这个王子：他正在梦中喃喃地念着他的新嫁娘的名字。他的思想中只有她存在。刀子在小人鱼的手里发抖。但是正在这时候，她把这刀子远远地向浪花里扔去。刀子沉下的地方，浪花就发出一道红光，好像有许多血液溅出了水面。她再一次把模糊的视线投向王子，然后她就从船上跳到海里，她觉得她的身躯在融化成为泡沫。③

……

交流平台

① 含着泪的“微笑”。

② 所以小人鱼才选择了放弃。

③ 充满悲剧的结尾。

“生命诚可贵，爱情价更高。”当你不顾一切地追求，可是，最后换来的却是致命一击，那时，你会有怎样的反应？《海的女儿》选择了放弃，选择了牺牲自己，成全别人！当她把复仇的利刃投入大海时，她也同时选择了让自己化成泡沫。可是，她在人类的心灵中，却播种下永恒的爱，还有永远闪烁的希望。

请你尝试

1. 老牛要盖新房了。为了让那些风里来雨里去的路人能有个避风雨、躲烈日的地方，他把屋檐盖得特别大。可是，那些避风雨的人却以为老牛为了当村主任故意表现自己。当一阵台风把过大的屋檐吹翻了，有人更说是报应。老牛受了大委曲。修房子时，他缩小了屋檐，但是把省下来的钱，让人在远处造了一间小屋。直到大家知道造屋子的还是老牛时，他的爱心才终于被大家理解。

请以“老牛的大屋檐”或“好心有没有好报？”为题，写一篇歌颂爱心的故事。

2. 狐狸妈妈为了让宝宝吃饱，常偷山羊家的奶酪，还到处散播谣言，说老山羊偷了她家的东西。有一回，狐狸在别处偷鸡，让人给打得半死。她以为宝宝也没命了。可是等她能爬回家时，她惊呆了：宝宝长得白白胖胖的，而且每天有人给他送吃的。第二天天没亮，她听到声音，偷偷跑去一看，感动得流下眼泪……

根据以上情节写篇童话吧，题目可以是“谁救了我的宝宝?”。

3. 海的女儿没有死，后来她竟嫁给了那个英俊的王子。这究竟是怎么回事？请以“《海的女儿》后传”为题，编个故事。

4. 自从丑小鸭变成了白天鹅，一位王子爱上了她，可是……

请你为他们编一个曲折离奇的爱情故事，题目可以是“白天鹅和她的白马王子”。

第三课　第701个“灰姑娘”

想象是观念之母，可是她不大会管教自己的女儿。

——佚名

写作跳板

灰姑娘的故事你一定知道，那是格林童话中脍炙人口的名篇。格林兄弟的童话大都是作者从民间收集来，经过精心润色加工，才获得成功。更使人吃惊的是，灰姑娘的故事在它问世后，先后竟有大约700种版本。也就是说，这个古老的题材，竟然有那么多人，一次又一次地进行再创作。我们今天为什么不尝试一下？第701次的尝试，创造出第701个“灰姑娘”！①

其实，以众人熟悉的历史人物为素材进行再创作，也是不少大作家喜欢的事。关于中国古代传说中的嫦娥的故事，就有很多不同的版本。鲁迅先生也曾把她纳入了《故事新编》，并且让她要尽太太的威风，尝尽乌鸦炸酱面的滋味之后，愤然上天。②

你看，同一个人物，不是编出了截然不同的故事？所处的时代不同，编出来的故事当然就不同。而且，作者的性格、经历等不同，创作出来的作品也会不同。

我想起了外国童话中的那个老巫婆，那个骑着扫把到处飞的长鼻子家伙，不知有多少知名的、不知名的作家，不断替她编着一个个从来不会重复的故事。

只要你想得出，既有头有尾，又能自圆其说，而且故事里的人物又有自己的个性，那么你的故事也一定能成功！

交流平台

① 好的作品有无限的生命力。而创作的源泉就在你们中间。

② 故事新编是训练作文的一个很有效的方法。

学生习作

巫婆和她的枕头

最近，巫婆老是失眠，大白天总顶着两个黑眼圈。这是怎么回事？她想：是不是这枕头出了“毛病”，硬邦邦的，这能睡得香吗？①

于是，她施展起法术，霎时，一个鸭绒枕头出现了。晚上巫婆枕着新枕头，可是一点也不见效。原先睡觉数到 999 还能睡着，可是现在整整要数到 1999，还清醒得厉害。巫婆懊恼极了！

巫婆沉思了一会，突然眼一亮：对了，怎么忘了变个催眠枕！于是她哩吗哩吗地念了一通，一下子又出现了一个枕头。巫婆美滋滋地闭上了眼。这下可好，连 9 也没数到，早已到了杭州。这一觉睡得真香，而且一觉到天亮。可是当巫婆一睁开眼，吓呆了。家里就像个垃圾场，柜子倒了，衣服全翻在外面堆成了小山……真是面目全非了。②

巫婆摸了摸肚子，打开冰箱，“这，这怎么回事，哪个家伙干的，真是无法无天了！”巫婆差点气昏了头。对呀，说起来还真怪，巫婆晚上总是用咒语把门窗关好，就算没关好，也该留下脚印。可是巫婆找了大半天，一点蛛丝马迹也没有。巫婆开始惊慌起来，难道还有一个比我法力还大的人。第二天晚上，巫婆装作睡觉，想等着小偷落入法网。可是谁知她一碰到枕头，就呼呼大睡了。等太阳都晒屁股了，巫婆再次睁开眼睛，脸色一下阴沉了，当即转为了土色。不用说，又是昨天那幕可怕的景象。

“咚咚”，这时传来了敲门声。巫婆一边拿起扫把，一边暗暗想：一定是那家伙！她轻轻地打开门，不管三七二十一，当头一棒。那人顿时瘫在了地上。巫婆定睛一看，差点晕了过去。“啊！是巫师！这下真是倒了十八辈子大霉了。”她哆哆嗦嗦地把巫师扶到了床上。

可怜的巫师摸着头上那个红包直叫：“疼呀，疼呀！”但他一睡在枕头上，屋内一下就鸦雀无声了。一转眼传出了鼾声，“呼噜，呼噜……”，过了片刻，巫师爬起来，跌跌撞撞地下了床，发疯似的乱翻东西，像边上没人似的。③

巫婆惊呆了，半天回不过神，突然她仿佛明白了什么：是巫师在梦游！原来这一切都是这枕头惹的祸！巫婆脑子开了窍，给了巫师当头一棒。这下打得可不轻，恐怕巫师半个月也爬不起来了呢！

交流平台

① 巫婆也失眠，新奇。

② 很有喜剧色彩。

③ 这个枕头既有魔力，又有一些现代气息。

睡不着觉，谁都遇到过。不停地数数，据说是个好办法。你瞧，巫婆也用上了，不过不管用。幸好巫婆会法术，就变了个助睡眠的枕头，谁知醒来却发现屋子里翻得不成模样！是谁干的？悬念顿生。正在这时，有人敲门。他是谁？他来干什么？于是有了巫婆的当头一棒。当她把被打得直叫的巫师一扶上枕头，他竟马上呼呼入睡，可又跌跌撞撞爬起来，到处乱翻。到了这时，离奇的故事才有了答案……

出乎意料的悬念，扑朔迷离的故事细节，环环相扣，于是，作品显得格外吸引人。

请你评点

巫师的出场是否有些突兀?

佳作借鉴

奔月(有删节)

香　蝶

镜面似的月亮悠悠地挂在太空,一片灰色的云浮在它的旁边。

羿知道娥还没有睡,虽然她静静地卧在自己身边,可是,每到这样朗月的晚上,她总是望着天的那方,眺望那轮月亮。

在这里是看不到基地的,基地在月亮的背面,可是,羿知道娥对那里的思念。

"羿,回去吧。"娥轻轻地说,"现在还来得及。"①

羿闷闷地问:"我们完成了所有的考察回去,真的就能成为有身份的人,得到别人的尊重吗? 如果说要维护尊严,那么不如维护在这里作为'神'的尊严吧。"

娥沉默了,许久,她复又躺了下来。

"算了,明天他们会来的,他们会将这一切都做好。"

"你指什么?"

"明天,大概会有九个太阳吧。"②

羿猛地惊跳起来。

"为什么? 那八个,难道说……"

"是的,所有能派到这里的飞船都会倾巢而至。即使我们不做,他们也会来消除痕迹。"

"为什么……为什么要派那么多来? 那会毁了这个星球!"

娥是被那声惊天动地的炸响惊醒的,睁开眼睛,她就看到大地之间耀眼的辉光,以及那辉光中闪闪发光的战船。

"终于来了啊……"她听着轰鸣,郁郁地想。

这时,她看见远远的山上直立的羿。羿肩上扛着长长的激光炮,那是从他们的飞船上卸下来,可以击溃任何飞行器的武器。③

"羿呀! 羿——"当娥看到那激光炮的同时,她明白了羿的打算,"天啊! 你不能这样——"她跌跌撞撞地向羿奔了过去。

激光炮却响了,紫色的光从羿的肩头飞出,飞向空中的战船。

一道,两道,三道……

爆炸声。一声,两声,三声……

娥不再奔向羿,她跌坐在地上,看着太阳的坠落。一颗,两颗,三颗……④

羿的脸上有着疯狂的兴奋。

"娥！娥！所有能来这里的船都消灭了，从今以后这里是我们的世界，我们是这里的神！"

镜面似的月亮仍在空中凄凉地挂着。

娥推动操纵杆，飞船无声而又慢慢地升了起来。

"娥！回来！你不可以回去！"羿从屋子中追了出来，"我们已经背叛，你会被击落的。"

"即使是被击落，也终究是个文明人吧。"娥平静的声音从扩音器中传了出来。

羿的泪眼中，娥的飞船化作了白色的流星，划向太空凄冷的月。月亮后面闪出了几道漂亮的流星，红色的，拖着长长火尾的流星。流星与飞向月亮的白色流星相遇了，它们化成了一团红色的、美丽的云。云无声地扩散开来，遮盖了黄色的镜面似的月亮。当那云散后，镜面似的月亮上出现了桂花树似的阴影。

从那天开始，羿只看见红色的月亮。那天以后，月亮仍然凄冷，永远是带着阴影的凄冷……

交流平台

① 改编要符合原有人物的性格。嫦娥、后羿的性格依旧。

② 九个太阳也是原有传说中的情节。

③ 激光炮让"奔月"故事有了现代色彩。

④ 中国神话版的星球大战。

同鲁迅的《奔月》一样，这也是一个历史故事新编。但是，相比之下，这则故事的想象更奇幻、更大胆、更现代，也具有更多的科幻色彩，如果把它归诸科幻小说也可。

你瞧，那传说中的后羿射日，这里换成了激光炮；被击落的八颗太阳，竟是前来动员他们回去的飞船……

请你尝试

1. 巫婆的故事太多、太精彩，借助她的魔法，借助她的魅力，结合你身边的琐事、新科技，你也来编一个童话怎么样？题目就叫"瞧那巫婆"，怎么样？

2. 中国古代的民间传说很多，能不能找一本《山海经》这样的书读读，或者到鲁迅的《故事新编》中去看看，也学着编一个传奇故事。

3. 选定几个童话传说中的人物，把他们编入一篇故事中，怎么样？题目就叫"猪八戒和老巫婆"。

4. 以"改行了的老巫婆"为题，写一篇童话。

第四课　转动生活的万花筒

意翻空而易奇。

——刘勰

写作跳板

又该写作文了，你有点犯怵，因为总是找不到写作的材料。真是这样吗？有句话叫“转动生活的万花筒”，你为什么不转一转呢？想一想，家人、亲戚、朋友节假日相聚，饭桌上聊天，从这些日常生活场景中，你是不是能够获取不少社会的讯息？比如，谁家的妈妈下岗了，哪位叔叔找到了能发挥他特长的新工作，等等，看似鸡零狗碎，可是，只要你精心构思、巧妙安排，说不定就会产生一篇绝妙的大作来呢。①

你不信？那么你可以读一读下面这篇童话《长颈鹿找到了新岗位》，它不就是在谈这样一个社会问题？写的是童话，可是，只要你仔细一读，你就会发现，它其实是在写我们身边的生活。你瞧，长颈鹿也遇到下岗的困境。

有一回，我去看专家门诊。谁知刚坐到医生跟前，就有人来找他了，出去谈了老半天，回来时那家伙还一个劲地说：“价格好商量，还可以便宜些。”原来，他们是在请医生搞推销。是服装？还是医疗器具？或者是保健食品？我没打听。但那次看病绝对是浪费了我的时间。

为什么不把它写进童话？多好的内容！于是，脑子里便跳出了一个“卖服装的诊所”这样一个故事。你是不是也会碰上类似的事，动动脑筋，或许就会产生一篇让你自己也陶醉的佳作呢！②

交流平台

① 童话也可走进现实社会。

② 灵感往往出现在“不经意”间。

学生习作

长颈鹿找到了新岗位

长颈鹿是一个十分出色的邮递员。无论多么高的房子，只要它头一伸，就能把信又快又好地送到住楼上的居民的手中。①

可是随着手机的普及，只要发条信息，什么事都解决了，谁还高兴写信啊！这下长颈鹿可苦恼了——它下岗了。从此，长颈鹿整天愁眉苦脸的，只感到没脸见人似的。

一天，它的好朋友花蝴蝶高高兴兴地来找它一起玩。长颈鹿看到花蝴蝶那么快乐，反而更加苦恼了，一声不吭，转身就走。花蝴蝶受了委屈，想："我没有去惹它呀！"它越想越伤心，忍不住哭了起来。

小狮王看见花蝴蝶哭得那么伤心，心里想，长颈鹿心情不好是不是因为下岗了？长颈鹿脖子这么长，现在消防队不是正愁云梯不够用吗？为什么不让长颈鹿的长脖子发挥作用？对，它该去当消防员。②

小狮王和花蝴蝶一起到长颈鹿家，只见它趴在桌子上呼呼睡着了，旁边都是报纸，上面登满了招聘的广告。花蝴蝶叫醒了长颈鹿，兴奋地对它说："我为你找到工作了，你去当消防员吧！"长颈鹿说："我从来没有学过消防，你别嘲笑我了。"说完把它们推出门。

聪明的小狮王看到喜鹊正在搬家，就和喜鹊商量，在它家放了一颗烟幕弹。顿时，浓烟从窗户冒了出来。花蝴蝶见了，就冲进长颈鹿家叫了起来。

长颈鹿本来就是个热心人，见好朋友喜鹊家着了火，急忙顶着两个水桶，从窗口伸进去，一会儿就把火扑灭了。长颈鹿干了好事，心中可真高兴。

这时，小狮王、花蝴蝶对它说："看，你不就是个合格的消防员吗？"长颈鹿听了真的去消防队应聘了呢！后来它们三个小伙伴一有空，就在草地上高兴地唱啊，跳啊！

交流平台

① 想象符合实际。如果乌龟当邮递员，故事就得另外设计了。

② 当消防员又符合长颈鹿的特长。

这篇童话曾经获得全国中学生童话征文一等奖。文章为什么能成功？这恐怕和她所编的故事反映了我们身边的生活，写到了下岗、应聘这样一个受人关注的社会问题分不开。更重要的是，在表现这样一个主题时，作品并没有讲大道理，而是将其转化为发生在动物世界的活生生的故事，通过生动的细节加以展现。

请你评点

毕竟小作者才小学五年级，所以语言还比较稚嫩。请找出一二例，并试着帮他修改。

佳作借鉴

卖服装的诊所

文光佳

工商局一连接到几个匿名的举报电话，说是河马诊所竟违法地经销起服装来了。所长急了，连忙派“猕猴桃”去看一看，管一管。①

说那“猕猴桃”，其实并不是真的猕猴桃，因为那家伙特爱吃那玩意，才落得这样一个绰号的。看，他这会又一边吃着猕猴桃，一边赶紧地走着，去执行任务了。

远远已经看到诊所的牌子了，走近些一看，人头攒动的，生意果然是好。可瞧瞧左右那两家服装店，都是冷冷清清的，没一个顾客进门。唉，这也难怪人家要不停地打举报电话了！

“河马”医生看到“猕猴桃”，就停下手中的生意，走了过来——当然，那“河马”绝不是真的河马，因为平时看病要价高，才得了这么个绰号。“猕、猕先生，不、不，猴先生，你也想配几件衣服？”他大大咧咧地问，不知该如何称呼对方。

“配衣服？衣服能像开药方配药似的‘配’的么？”“猕猴桃”单刀直入，生气地说，“你这样非法经营，后果考虑过么？”

“噢，你说的是那些服装？我发誓，它们都是正儿八经的药！香味医学，您听说过吗？这服装，全是从这个课题中研究出来的！香味可以治病，柑橘香能医治抑郁症，桂花香能消除疲劳，茉莉香有镇静功效……”“河马”还想一口气背下去，可早被“猕猴桃”把话打断了：“有没有治忧郁症的？”②

“您家里也有人得了忧郁症？那你就拿这风衣去试试，披上它，到大自然中去走走，保管有用。”

“猕猴桃”一到家，把风衣往太太身上一披，就硬把她给推到车上，驱车去郊外。太太开始还是不停地在唠叨，在抒发她那种“剪不断，理还乱”的忧伤。车厢里弥漫着一股胡椒的香气，早就把“猕猴桃”熏得乐呵呵的。不一会儿，他的太太不说话了，脸上露出很久没出现过的笑容。“猕猴桃”从反光镜里早看到这一变化，还真的有些不相信自己的眼睛。

“啊，这玩意真管用！真妙不可言！”这时，他突然想起局长交给自己的使命，不过，他这会心里早有了底。他把车调过头来，飞也似的往去局里的路上开去。因为，他急着要向局长汇报：“河马诊所卖的绝不是服装，而是妙不可言的灵丹妙药！”③

交流平台

① 似乎不是童话，完全是眼前的世界。

② 想象合理，因香气确能治病。

③ 照应开头，“猕猴桃”也算完成了任务。

诊所里卖服装，生活中有没有？我不知道。但是，医院里搭售商品倒是在报纸上多次看到过。于是，这种让人哭笑不得的现象被改编成生动活泼的童话故事。让人发笑，让人感慨，正是这篇文章的妙处。另外，作品开头以一个举报电话引出悬念，所以一开始就能抓住读者。随着故事发展，作品又引出香味医学这样一个令人感到新奇的话题，这也就使作品超越了传统的童话境界，更有时代感，同时也更加吸引读者。

请你尝试

1. 熊妈妈原来还是个像模像样的小干部，可是一转眼竟下岗了。她整天愁眉苦脸的，害得熊爸爸总是提心吊胆。有一天，她高兴地说，她找到新岗位了，是干外交工作。小熊一打听，原来是去老外家当洋保姆。洋保姆也不错，于是熊妈妈要学外语，而且拜小熊为老师。有一天早晨，她竟叫小熊“好舅舅”，还说要拿“三克油卖来卖去”。

知道怎么回事么？编一则与学外语有关的童话故事，就叫“熊妈妈的‘好舅舅’”，或者是“‘卖来卖去’的熊妈妈”。

2. 如今家家都望子成龙、望女成凤，于是办学校、办培训班都成了赚钱之道。狐狸是怎么办“成龙学校”的？它又请了哪些老师，怎样教学生？请以“成龙学校开张了”为题，写篇童话。

3. 点子公司能赚大钱，可是，这无本的买卖，常让人想入非非、走火入魔。能编些有声有色的故事么？就以“狐狸的点子公司”或者“这点子能卖多少钱?”为题。

4. 光线、音响都能影响庄稼成长，而且能催熟、能增产，你知道吗？能不能编个故事，写篇“大熊的物理化农场”之类的童话?